Pollution Control Technology
of Marine Aquaculture Discharge Water

海水养殖尾水污染
控制技术

郑丽娜　刘　鹰　主编

U0201601

化学工业出版社
·北京·

内容简介

本书基于作者在海水养殖尾水处理方面的研究与应用实践，结合国内外同行的研究应用成果，以提高技术参考价值、扩大读者的专业视野为目的，系统介绍了海水养殖尾水特征以及污染控制技术方法及常用设备等，旨在为从事海水养殖、水产养殖尾水处理的从业人员提供借鉴与参考。本书共分为五章，介绍了海水养殖及养殖尾水的概况、海水养殖尾水的特性与排放标准、海水养殖尾水处理技术与研究进展、海水养殖尾水处理工艺方案与工程实例、海水养殖尾水处理常用设备。

本书适合从事海水养殖、水产养殖尾水处理等相关工作的研究人员和技术人员及水产养殖专业的学生阅读。

图书在版编目（CIP）数据

海水养殖尾水污染控制技术/郑丽娜，刘鹰主编. —北京：化学工业出版社，2023.5
ISBN 978-7-122-43042-7

Ⅰ.①海… Ⅱ.①郑…②刘… Ⅲ.①海水养殖-海水污染-污染控制 Ⅳ.①X714

中国国家版本馆CIP数据核字（2023）第039647号

责任编辑：曹家鸿 邵桂林 刘 军　　装帧设计：张 辉
责任校对：宋 玮

出版发行：化学工业出版社
　　　　　（北京市东城区青年湖南街13号 邮政编码100011）
印　　装：北京天宇星印刷厂
710mm×1000mm 1/16 印张14 字数340千字
2023年6月北京第1版第1次印刷

购书咨询：010-64518888　　　售后服务：010-64518899
网　　址：http://www.cip.com.cn
凡购买本书，如有缺损质量问题，本社销售中心负责调换。

定　价：88.00元　　　　　　　　　　　版权所有　违者必究

编写人员名单

主　编　郑丽娜　刘　鹰

编　者　郑丽娜　刘　鹰　李　贤　徐光景
　　　　张　倩　魏海峰　马晓娜　张　蕾
　　　　侯昊晨　王　纯　李　薨　仇登高
　　　　衣萌萌　郑纪盟

前　言

我国是世界第一水产养殖大国，养殖面积和产量连续多年位居世界首位。随着近海养殖高强度开发和养殖集约化发展，海水养殖的自身污染已经成为主要海洋环境问题之一。

作为"渤海攻坚战"的主要"战区"之一，大连市政府迅速响应国家号召，印发了《大连市渤海综合治理攻坚战作战方案》，这是大连市首个专门针对海洋生态环境而制定的污染防治工作方案，对于大连污染防治工作具有标志性意义。为贯彻落实《渤海综合治理攻坚战行动计划》（环海洋［2018］158号）、《大连市人民政府办公室关于印发大连市渤海综合治理攻坚战作战方案的通知》（大政发［2019］32号）要求，大连海洋大学、浙江大学相关专家组成工作组，开展大连市海水养殖控制方案编制工作，重点对该市辖区内工厂化养殖、海水池塘养殖、网箱养殖重点养殖企业的尾水排放和治理情况开展调研，并编制《大连市海水养殖控制方案》，从而推进生态健康养殖和布局景观化，鼓励和推动深海养殖、海洋牧场建设，推进沿海区市县（先导区）海水池塘和工厂化养殖升级改造，鼓励出台海水养殖污染物排放标准，逐步实现尾水达标排放。

基于前期工作基础，我们编写了本书，旨在为海水养殖同仁对于尾水治理工作的开展及相关研究奠定扎实的基础，提供借鉴与参考。本书首先介绍了海水养殖尾水的概况；其次，介绍了海水养殖尾水的特性与排放标准、海水养殖尾水处理技术与研究进展及海水养殖尾水处理工艺方案与工程实例；最后介绍了海水养殖尾水处理常用设备。

由于编者水平有限，书中疏漏之处在所难免，敬请读者批评指正！

编者

2023年1月

目　录

第一章

概　述

第一节　海水养殖

　　一般来说，海水养殖是指利用沿海的浅海或者滩涂养殖海洋水生经济动植物的生产活动，主要包括滩涂养殖、浅海养殖、港湾养殖，以及少量的深海养殖。按养殖对象可分为：鱼类、虾类、蟹类、贝类、藻类、海珍等养殖模式，以贝类、藻类养殖最为普遍，虾类次之；按集约化程度可分为：粗养、半精养、精养；按生产方式可分为：单养、混养（如鱼虾）和间养（如海带和贻贝）。

一、我国海水养殖现状

　　中国自改革开放以来，水产养殖业呈现迅猛发展态势。1986年颁布了《渔业法》，确立"以养为主"的渔业方针；从1998年开始，水产养殖业产量超过捕捞产量。水产养殖业快速发展，中国水产品产量也有质的飞跃，于1990年跃居世界第一，进入21世纪以来，中国一直是世界第一水产品贸易大国。根据2021中国渔业统计年鉴，2020年全国水产品总产量6549.02万吨，比上年增长1.06%。其中，养殖产量5224.20万吨，海水养殖产量2135.31万吨，占养殖产量的40.87%。

　　2020年，全国渔业经济总产值（按当年价格计算）27543.50亿元，其中，渔业产值13517.23亿元。在渔业产值中，海水养殖产值3836.20亿元，占渔业产值的28.38%，在水产养殖中占有重要地位。

　　2020年，全国水产养殖面积703.611万公顷，同比下降1.02%。其中海水养殖面积199.555万公顷，同比上涨0.17%；淡水养殖面积504.056万公顷，同比下降1.48%；海水养殖与淡水养殖的面积比例约为28∶72。

　　海水养殖主要养殖模式包括池塘、网箱、筏式养殖、吊笼、底播、工厂化等。2020年养殖产量从大到小依次为：筏式629.50万吨、底播538.63万吨、池塘257.38万吨、吊笼139.27万吨、普通网箱56.51万吨、工厂化32.53万吨、深水网箱29.31万吨。

据不完全统计，养殖产量的93%以上来自池塘、围栏等粗放养殖方式，设施养殖模式不足7%，随着我国水产养殖业的快速发展，海水养殖方式从传统粗放养殖模式向规模化、集约化转变。

海水养殖按水域分为海上养殖、滩涂养殖以及其他养殖。2021中国渔业统计年鉴显示，海上养殖产量1261.76万吨、滩涂养殖产量607.07万吨、其他养殖产量266.48万吨，占比分别为59.10%、28.43%、12.47%。

（一）海水养殖发展历程

中国海水养殖历史悠久，贝类增养殖已有2000多年的历史，最早的文字记载于明代郑鸿图的《业蛎考》。但长期以来，受限于科技发展水平，我国海水养殖一直处于萌芽状态，养殖品种少、产量低。

从20世纪50年代开始，海水养殖业真正发展起来，半个多世纪以来，经历了海带养殖热潮、对虾养殖热潮、海湾扇贝养殖热潮、鱼类养殖热潮、海珍品养殖热潮5次海水养殖产业的热潮。

1950年全国水产养殖面积仅1.66万公顷，产量1万吨，养殖种类仅限少数几种滩涂贝类。1950年后，国家将海水养殖列为开拓利用国土资源的重要内容。经过40多年的努力探索，特别是20世纪80年代以来的改革开放，更促进了海水养殖业的高速发展，到1993年，海水养殖产量已达308万吨，成为世界海水养殖的王国。

20世纪50年代初期，海水养殖业是滩涂贝类的恢复发展期。20世纪50年代中后期，海带养殖在黄渤海地区迅速发展；到1960年，贝藻（牡蛎、蛏、蚶、蛤）总产值达到12万吨，比1950年增长12倍，海水养殖面积扩大到10.2万公顷，比1950年增长6倍之多，20世纪60年代，贻贝和紫菜养殖也迅速发展起来。经过5个五年计划，到1980年，全国海水养殖面积已达到13.356万公顷，产量44万吨。1980年至1993年是海水养殖业的高速发展时期，这个时期的海水养殖业是以对虾为龙头的多品种养殖，到1988年对虾养殖产量已达到20万吨，一跃成为海水养殖的重要组成部分。同时，扇贝养殖也有很大发展，1993年达到72万吨。海带、扇贝、对虾已成为海水养殖业的三大主要支柱。1993年海水养殖面积已达到58.75万公顷，产量也达到308万吨，比1980年增加了7倍，其中鱼虾贝蟹占总产量的75%以上，藻类产量不足25%。

21世纪以来，海水养殖业发展势头更为迅猛。我国的海水鱼类的工厂化育苗和全人工养殖已向多品种方向发展。21世纪初，海参、海胆、鲍鱼、海蜇等海珍品的养殖蓬勃发展起来。据不完全统计，2005年我国海水鱼类养殖品种已达到80余种，传统的网箱养殖在近海已达到70.42万台（养殖网箱面积1767.86万平方米），深海网箱也达到3000台（514.9万立方米）。海水鱼类养殖至2005年产量已达到79.68万吨。

随着21世纪海水养殖的技术进步，以及在养殖业高报酬的驱动下，我国的海水养殖业进入了鱼、虾蟹、贝、藻全面调整发展期，2007年我国海水养殖面积达到133.148万公顷，产量达1307.34万吨，占海水产品的比重为51.25%。养殖产量与海水捕捞产量之比为1∶0.95，出现了我国海水养殖产量超过捕捞产量的历史性大突破。

2010年以后，海水养殖呈现稳中有升的趋势。海水养殖产量变化如图1-1所示，由2011年的1551.33万吨升至2020年的2135.31万吨，增产583.98万吨，平均每年增加58.40万吨。海水养殖面积产量变化如图1-2所示，由2011年的210.638万公顷降至2020年的199.555万公顷，减少了11.083万公顷。2011～2020年海水养殖产量整体呈上升趋势，而养殖面积由上升转为下降并在2019年缩减到10年内最小养殖面积，这说明随着科技的进步，海水养殖单位产量逐渐增加，养殖效率随之升高。

我国海水养殖的产量与面积在沿海11个省（区）呈不平衡分布态势，黄渤海的山东省、辽宁省和东南沿海的福建省、广东省养殖业最为发达。2020年四省

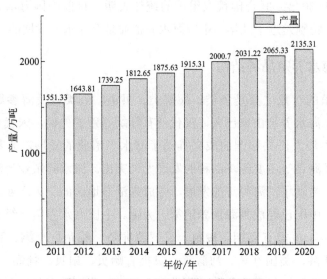

图1-1　2011～2020年海水养殖产量

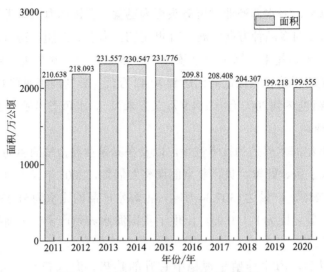

图1-2　2011～2020年海水养殖面积

养殖产量合计为1678.66万吨，占全国总产量的78.61%，其中山东省、辽宁省、福建省、广东省的产量分别为514.14万吨、306.48万吨、526.80万吨、331.24万吨。四省养殖面积155.893万公顷，占全国养殖总面积的78.12%，其中山东省、辽宁省、福建省、广东省分别为58.035万公顷、65.072万公顷、16.314万公顷、16.472万公顷。

自20世纪50年代至今，海水养殖业有了翻天覆地的变化。2020年海水养殖产量是1954年（8.78万吨）的243倍；海水养殖面积从1954年（2.491万公顷）到2020年增长80倍。联合国粮农组织的统计表明，目前中国海水养殖产量约占世界的66%。特别是近十几年，中国海水养殖业是全球水产发展的重要动力。

（二）海水养殖品种结构

海水养殖的对象主要是鱼类、虾蟹类、贝类、藻类以及海参等其他经济动物。在中国，海水养殖由来已久，汉代就有牡蛎养殖的先例，宋代更是发明了养殖珍珠法。中华人民共和国的成立推动了海水养殖业的发展，尤其是紫菜、对虾、贻贝以及海带等主要经济品种的发展尤为突出。海水养殖业为沿海经济作出了突出贡献，带动了沿海经济的发展，并成为沿海地区的一大产业。按照国际统计标准计算，中国已经成为海水养殖第一大国。中国海水养殖已经形成大规模生产的经济品种，鱼类有黑鲷、梭鱼、尼罗罗非鱼、鲻鱼、真鲷、石斑鱼、大黄鱼、鲈鱼、牙鲆、美国红鱼、河豚等；贝类有贻贝、扇贝、牡蛎、泥蚶、毛蚶、缢蛏、文蛤、杂色蛤仔和鲍鱼等；藻类有海带、紫菜、裙带菜、石花菜、江蓠和麒麟菜等；虾类有斑节对虾、中国对虾、长毛对虾、日本对虾、墨吉对虾和南美白对虾等；蟹类有锯缘青蟹、三疣梭子蟹等。

2020年养殖产品的品种结构和分布态势，适应了市场的需求，鱼、虾蟹、贝、藻、海珍品全面发展形成了合理的格局。我国海水养殖品种主要分为五类：鱼类、甲壳类、贝类、藻类以及其他类，2020年这五类产量分别为174.98万吨、177.50万吨、1480.1万吨、261.51万吨、41.24万吨。其中，鱼类占比最高的为大黄鱼，产量为25.41万吨；甲壳类主要有虾和螃蟹，螃蟹占比最高，产量为28.75万吨；贝类中牡蛎产量最高，为542.46万吨；藻类占比最高的是海带，产量为165.16万吨；其他类中海参占比最高，产量为9.66万吨。

（三）海水养殖存在的问题

0～10m浅海的滩涂、海湾以及近岸海域，海水养殖集约度高，开发利用过度，利用率高达90%以上，而10～20m等深线以内增养殖利用率不足10%，布局严重失衡，仅占海水养殖面积的30%，却承载了60%以上的海水养殖产量。更由于片面追求经济效益，鱼虾高密度养殖和布局，忽视了长远和环境效益。人类现有的技术水平远远没有达到对养殖过程的全面控制，受水质、水温等环境因素的影响十分显著。由于布局不够合理，导致局部海域开发程度超出了容纳量，对环境产生了不利影响。

海域富营养化是养殖环境最突出的问题，例如养虾生态系统管理较好的虾池也会有30%的残饵未被摄食，而其中12.8%的氮和4%的磷释放到养殖水体中，最终排入海域中；鱼类网箱养殖是一个高密度高投饵开放式养殖生态系统，其营养来源多以小杂鱼为主，饲料系数为8～10（以小杂鱼为饲料，严重破坏渔业资源），而饲料中蛋白质利用率只有20%用于生长，饲料中80%的蛋白质以粪便及残饵形式排至网箱底部海域的沉积物中，经过异养细菌分解向水体释放氮磷营养物质；滩涂和筏式养殖的贝类，其饵料来源均通过滤食水体中的浮游生物和有机碎屑，通过粪便和伪粪排入海域水体中，同样也经过异养细菌的分解释放氮磷营养物质。总之，养殖业自身的污染对沿岸水域产生了明显的负面影响。此外，近岸海域水体外源污染也日益严重，生态环境受损、灾害多发的问题逐年上升。

优良品种的缺乏，对海水养殖业的发展产生了制约。除了紫菜、海带等极少数种类经过系统的良种选育和改良以外，我国主要海水养殖种类大部分是未经选育的野生种，经过累代养殖，出现了遗传力减弱、抗逆行差、形状退化等问题。如大黄鱼、南美白对虾、海湾扇贝等性状退化，病害不断发展，经济损失重大，严重制约了规模化、集约化养殖的发展。优良品种数量的稀缺，导致扇贝、鲍鱼、对虾、牡蛎等病害日趋严重，而这也成为了制约我国海水养殖业发展的重要瓶颈。

病害频繁发生，防治技术薄弱，经济损失巨大，严重制约养殖业可持续发展。目前，我国海水养殖业面临着病害肆虐、养殖生物抗病力低下、养殖环境不断恶化的严峻局面，病害种类几乎包括了目前所有养殖的鱼类、甲壳类、贝类、藻类、海参等种类，其中病毒性疾病危害最严重，细菌性疾病侵害的种类最多，其次是寄生虫病。鱼虾贝等病害在中国广大海区连续肆虐多年，防控仍然停留在传统的预防诊断及治疗上，防疫体系还正在建设中，相应的工作机制还未建立，要进一步创新完善主要水产动植物疫病监测、预警、预报工作机制，建立现代化的防病体系。

我国渔民失海失涂问题。我国沿海经济的快速发展，对海洋和海岸带的开发利用强度越来越大，海域滩涂被占用和征用的速度不断加快，浅海和滩涂面积越来越少，加之水域污染日益加重，成为当前渔民返贫，影响渔民增产增收的重要原因。近年来大量水域滩涂被占用，渔业生产空间被压缩，水域生态环境遭受破坏，渔业资源衰退加剧，对沿海渔民和渔业造成了深远影响。

二、我国海水养殖模式

自明代有海水鱼养殖记载以来直至建国初期，我国海水养殖都是利用天然港湾围堤筑闸，纳入天然苗种蓄养，不施肥不投饵，即南方"塘养"、北方"港养"的传统大面积粗养的养殖模式，养殖效率很低。直到政府对沿海农村的经济发展开始重视，向海水养殖行业投入科技力量，我国的海水养殖逐步从传统渔业走向现代渔业，养殖方式从粗放粗养过渡到了集约化养殖。除此之外，根据养殖品种以及南北自然海区的气候、温度与海况的不同，形成了"南北接力""陆海接力""海陆结合"等养殖新模式。我国海水养殖模式类型及近10年产量变化状况如图1-3和图1-4所示。

（一）池塘养殖

20世纪70年代末，大规模人工育苗的实现使得我国对虾养殖产业得到进一步扩大与发展，海水池塘养殖模式开始兴起。由于池塘单品种养殖具有生物因子单一导致物种失衡、食物利用率低，造成残饵废物堆积以及养殖水体恶化等缺点。在1993年，对虾养殖业急速滑坡。为了解决这个问题，人们逐步探索出了海水池塘综合养殖模式，如鱼虾混养、虾贝混养、虾参综合养殖甚至多品种综合养殖，拥有显著的生态效益与经济效益。

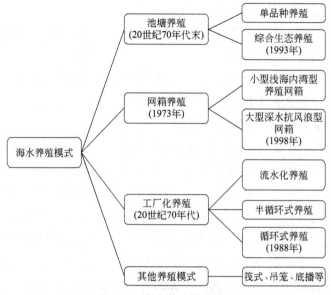

图1-3 海水养殖模式类型

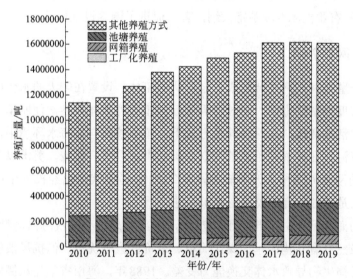

图1-4 海水养殖不同模式历年产量

根据《中国渔业年鉴》统计，我国海水池塘养殖的产量在2010年至2020年的十年间由198万吨增长至257万吨，增产了59万吨。虽然在少数年份产量稍微下降，但整体的趋势是不断增加的。

池塘养殖模式由于设施简易以及造价相对较低，应用比较普遍，但也具有一定缺点：

（1）防灾能力较弱，一旦受灾会造成较大影响。

（2）养殖的品种局限性较高。

（3）池塘养殖的水质调控主要依靠水体的自净能力，因此调控能力较弱，水温也会受到地域与气候的影响。

（4）由于主要靠投加药物防止病害，因此存在用药量大的问题。

（5）池塘养殖池的状态容易受水源污染影响。

（6）用水量较大。吨鱼用水量为 10 ~ 15m³。

（7）池塘养殖尾水与沉积淤泥的排放无节制，并且缺乏尾水处理措施。

为改善池塘养殖目前放养密度大、养殖水体承载力超过水体自净能力导致的养殖水环境劣化，进而带来病害频发、用药量大、养殖综合效益低下等一系列制约水产养殖可持续发展的瓶颈问题，有研究团队于2016年提出了圈养模式的雏形。池塘圈养属于设施渔业，主要包含圈养桶、增氧及捕捞等支持设备、集排污设备、圈养平台和尾水处理设备等养殖装备，并采用一定的技术措施提升圈养池塘水体自净能力。经过调试，于2020年进入批量推广阶段，并继续不断优化。2020年12月湖北省农业农村厅发布了《装配式水产养殖圈养设施》（DG42/Z 004—2020）农业机械专项鉴定大纲，有力促进了圈养设施标准化。

（二）网箱养殖

网箱养殖是利用网片装配成一定形状的箱体，设置在较大的水体中，进行小面积、高密度养殖的方法，通过网眼进行网箱内外水体交换，使网箱内形成一个适宜鱼类生活的环境。在这种养殖方式下，鱼生长在自然海水环境中，可以充分利用海洋资源。在开展网箱养殖的众多国家中，日本、挪威、美国以及其他多个欧美国家的网箱养殖模式开展较早，在20世纪60年代便已经投入生产使用，无论是技术还是管理制度都较为完善和先进。

我国的海水网箱养殖开始于1973年，大部分采用小型浅海内湾型养殖网箱，这种网箱虽然具有结构简单、操作简单、造价低廉等优点，但抗风浪能力差并且容易附着污损生物导致水体交换能力变差。1988年，海南省率先从挪威引进了一组深水抗风浪网箱，成为我国深水抗风浪网箱养殖模式的开端。与我国以往的传统网箱相比，这组深海网箱饵料系数低，鱼类的成活率与单位面积产量极高，经济效益、社会效益和生态效益显著。因此，广东省、浙江省以及山东省等省份于2000年先后引进，在我国目前研究开发的深海养殖网箱中，HDPE圆形浮式网箱、升降式网箱、碟形网箱与浮绳式网箱应用比较广泛。

网箱养殖具有以下优点：

（1）节省了大量土地、劳力，收效快，正常情况下可连续使用3 ~ 5年。

（2）网箱养鱼能将水体和饵料生物最大化，可实行密养、混养，成活率较高，能创造更多的经济价值。

（3）网箱养殖的饲养周期短，操作与管理均较为方便。

（4）起捕容易，根据市场需要，可一次起捕，也可分批次起捕。

（5）适应性强，便于推广。

我国的海水网箱养殖产量近十年也在逐步增加，不过由于我们起步晚，技术落后，配套设施也不够先进，以及缺乏管理等原因，与国外的水平相比还存在较大的差距，需要努力改善与提高。

（三）工厂化养殖

我国的工厂化养殖规模生产开始于20世纪70年代，发展至80年代时依旧处于摸索阶段，养殖规模小、品种单一。90年代海水工厂化养殖开始得到快速发展，如今已经基本实现规模化和产业化。我国的海水工厂化养殖模式是从流水化养殖开始的，但这种养殖模式需要通过大量更换新水来改善养殖水体环境，浪费水资源。与此同时，养殖产生的残饵粪便等废物不经处理直接排入周围水域，对环境造成了巨大的负担。

我国工厂化循环水养殖模式的发展经历了5个阶段，如表1-1所示。

表1-1　工厂化循环水养殖发展时间表

时间	工厂化循环水养殖发展阶段
20世纪60年代	国外的工厂化循环水养殖开始起步
20世纪70年代	循环水养殖信息流入国内并有科学家开始研究，但并没有形成真正意义上的循环水养殖模式
20世纪80年代	国外的循环水养殖设备开始进入国内，在1988年拥有国内第一个生产性的工厂化循环水养殖车间，但由于技术不成熟以及鱼价降低等外在因素，工厂化循环水养殖的发展并不理想
20世纪90年代	在国家有关科研计划的支持下，海水工厂化循环水养殖取得阶段性成果
21世纪	工厂化循环水养殖成为水产养殖业发展的主导方向之一，在装备系统构建和技术水平方面已与国外接近

根据《中国渔业年鉴》，海水工厂化养殖产量在2010年至2020年期间由11万吨增长至33万吨，并且涨幅越来越大，由11.7%增长至17.92%。虽然近十年来产量不断增加，但与网箱养殖和池塘养殖相比还有相当大的差距，具有非常大的发展空间。

（四）深海养殖

目前我国海水养殖主要集中在陆基和近浅海，一方面这些海区受陆源污染较为严重，另一方面，养殖密度高、产业的无序发展导致内陆和沿海近岸的养殖空间受到挤压，病害频发、环境恶化、食品安全等问题日益突出。将海水养殖业由陆基、近浅海养殖推向深远海工业化智能高效养殖是缓解上述问题的一个重要途径。

深远海养殖装备如今有深海网箱养殖工程装备与深远海养殖工船。欧美、日本等国家早就将海水网箱养殖作为系统工程来进行开发研究，世界渔业发达国家发展深远海养殖工程装备的主要途径是服务大型养殖网箱和浮式养殖平台。关于养殖工船，在20世纪80年代至90年代，法国、西班牙、日本、挪威和欧洲委员会等国家或组织曾进行了养殖工船概念设计，法国、日本等国也先后提出了大型的养鱼工船方案，但由于种种原因，一直未形成主体产业，生产规模有限。

我国在深海网箱养殖工程装备方面，虽起步较晚，但在科技部的大力支持与推进下，我国已建造了全球第一座全潜式深海渔业养殖装备"深蓝一号"、全球首个半潜式全自动现代化深海养殖装备"海洋渔业一号"、国内首座深远海智能化坐底式网箱"长鲸一号"、全球首个单柱式半潜深海渔场"海峡1号"等一批高端海洋牧场装备。在深远海养殖工船方面，我国在"十二五"期间，研发出了一批大型养殖工船的相关技术知识产权，并在2017年研发设计了我国第一艘养殖工船"鲁岚渔养61699"。2020年，全球首艘10万吨级智慧渔业大型养殖工船正式开始建造。

三、海水养殖对环境的影响

海水养殖业发展如火如荼的同时，随之而来的环境问题也愈发突出。《中国渔业生态环境质量公报》的监测结果表明，目前我国渔业水域生态环境质量状况总体保持稳定，但局部渔业水域污染状况一直没有明显的好转。不仅陆源污染对海水养殖业的生态产生严重威胁，海水养殖业自身的环境污染范围也在不断扩大，大部分河口、海湾以及大中城市邻近海域污染日趋严重。

海水养殖业对近岸生态环境的污染主要有两方面：首先是污染养殖水体本身，主要包含营养物富集、药物使用以及底泥污染；再就是破坏近岸水域生态环境，其中包括破坏近岸海洋生物生态系统以及沿岸滩涂、红树林资源等，以及水体本身生态结构紊乱导致养殖系统生命力脆弱，容易遭受病害侵袭。海水养殖产生的污染，如果不进行遏制，将对沿岸生态造成难以估量的影响，导致生态恶化、生物多样性减少，长此以往，生态结构将发生变化。

海水养殖对环境的污染，主要靠海水养殖废物的输出来实现。广义上水产养殖的"废物"，不仅包括残饵、水中生物的分泌物和排泄物，以及治疗剂和化学药品，还包括受损害的鱼、逃逸的鱼和病原体等。

海水养殖尾水对环境的影响将在本章第四节加以重点论述，本节主要论述养殖业自身对海洋生物及近岸环境的影响。

（一）海水养殖对海洋生物的影响

1. 影响底栖生物和浮游生物

海水养殖会对底栖生物和浮游生物产生影响。养殖区富含营养物质，水体透明度低，光照不足，浮游植物的数量减少。持续恶化的水质，使具有优势种群的硅藻变为蓝藻。底栖动物具有指示水质的重要功能，然而，网箱附近的残饵和生物粪便消耗大量氧气，使得其数量锐减。由此可见，工厂化集中养殖会影响浮游生物和底栖生物种群结构，威胁海底生态稳定。

海水养殖会改变养殖水域的水温、流速、溶解氧含量及营养结构水平，这些变化也会影响浮游植物的生长代谢，从而引起海洋浮游植物群落结构的转变，改变浮游植物的生物量及初级生产力，对养殖生态系统也会产生深远影响。氮磷是浮游植物生长最重要的营养元素，而占海洋浮游植物绝大多数的硅藻生长不可或缺的元素是硅，这三种元素的含量决定了水体浮游植物丰度和种类组成。研究表明，丰富的氮、磷、硅可能是形成珠江口海域浮游植物群落以硅藻类占优势的主要原因。海水中氮、磷、硅占比变化往往导致浮游植物群落结构发生变化。而磷往往成为养殖区浮游植物营养限制因子。不同营养水平下，浮游植物优势种也会发生相应变化，这与不同种藻类生长所需的营养盐比值差异有关。

2. 影响生物多样性

海水养殖多为集约式人工生态系统，物种单一化程度极高，势必会破坏海洋生态系统原有的生态平衡，直接影响养殖海域的生物群落结构，因此会对生物多样性产生一定影响，且这种影响往往是负面的。海水养殖会导致物种结构单一，以及生物多样性指数的降低。生物多样性指数往往是水体富营养化评价的重要指标，其数值的变化也反映了水体营养水平的变动。海水养殖产生大量营养物质影响了水体及底质的营养结构，定会使水体中浮游植物群落及底栖生物群落发生变化，适应该营养结构的物种成为优势种，若竞争能力强，甚至成为绝对优势种。而赤潮发生的原因之一就是水体富营养化，它也是浮游生物多样性骤降的表现。

（二）海水养殖对近岸环境的影响

1. 对近岸海洋生物的影响

相比于自然生态系统，水产养殖水体相当于一种人工生态系统，养殖对象多为单一品种，就算混合养殖也不过三两个种群。为了追求养殖高产，达到较强的经济效益，养殖户会通过人工手段来调节其系统的生态平衡。这就导致只留下需要的经济物种，而不需要的可能被弱化或者去除，造成了物质循环的部分路线受阻或被切断。例如扇贝的筏式养殖，虽然未改变生态系统的营养结构，却改变了生态系统的形态结构。而对于近岸海洋生态系统（如浅海、内湾等），海洋生物种群较为丰富，有较高的生物多样性，它可以通过自身食物链和食物网的自我调节来维持生态平衡。而人为地改变沿岸生物种群和群落分布势必会对整个生态系统产生影响，并引发一系列的改变。故从长远发展角度来说，大面积单一品种的海水养殖可能对海洋生态的平衡及可持续发展造成不利的影响。

另一方面，水产养殖过程中可能会存在养殖生物逃逸现象。逃逸的生物可能会造成疾病的传播，也可能会与邻近海洋生物杂交，使野生海洋生物基因发生改变。养殖生物的抗病、存活等能力不如野生海洋生物，这样可能对野生种群的繁殖、发展造成不利的影响。有研究报道，经过基因改造的养殖大西洋鲑逃逸后与野生鲑鱼交配后会产生变种鱼类，这可能会导致缅因湾和芬迪湾的野生鲑鱼面临灭种风险。

2. 对沿岸滩涂、红树林的破坏

红树林被称为是海岸卫士，其作为海岸潮滩中的优势植物，具有特殊的生态学特性，可为海洋生物提供栖息、产卵、越冬场所，是天然的水产养殖场。红树林、盐碱地和沼泽地以及农业用地可以给许多海洋生物提供栖息地，供它们繁殖避难。红树林对沿岸的生态环境起着十分显著的缓冲和维持作用。近年来，由于盲目追求经济效益，许多红树林、盐碱地和沼泽地以及农业用地被改造为养殖用地，甚至许多浅海滩涂的开发缺乏规划，形成了掠夺式的盲目开发。不合理的开发严重破坏了沿岸滩涂、红树林的生态平衡。我国的红树林面积曾达20余万公顷，至20世纪50年代还有5万公顷左右，但目前不超过2万公顷。在红树林区盲目建造养殖水池严重破坏了一些保护物种的自然栖息环境。如深圳福田的红树林被破坏后，原本在此栖息或觅食的鸟类的种类、数量都受到了显著影响，种群数量显著下降。

第二节 海水养殖尾水

一、海水养殖尾水的成因

随着我国海水养殖业朝着规模化和工业化迅速发展，沿海养殖场的数量及养殖场废水的排放量与日俱增，致使近海水域环境严重恶化，引起近岸海域生态系统失衡，赤潮现象频发，病害大规模暴发，对海洋环境质量和海洋渔业资源的可持续性开发利用带来严重的威胁。根据第二次全国污染源普查公报显示，2017年，全国水产养殖业排放化学需氧量66.60万吨，氨氮2.23万吨，总氮9.91万吨，总磷1.61万吨，这些污染物对近岸海域水质产生极大的影响。近年来，我国海水养殖废水排放总量已超过陆源污水排放总量，但与工业废水和生活废水相比，海水养殖产生的尾水中污染物浓度以及种类相对较低。不同的海水养殖模式产生尾水的过程和原因不尽相同。

（一）池塘养殖尾水排放

池塘养殖是一种较为传统的养殖方式，其特点是利用人工开挖或天然的池塘进行水生经济动物养殖，人们通过苗种和相关的物质投入，干预和调控影响养殖动物生长的环境条件，以期获得最大产出。我国海水池塘养殖模式以潮间带池塘、潮上带高位池和保温大棚养殖为主，水质交换主要依赖潮汐作用或借助机械抽取近海海水。池塘养殖模式对水资源具有较大的依赖性，良好的养殖水质是达到养殖效果的必要条件。然而，池塘养殖密度高、池塘布局不合理以及集中排水等问题均会对近海海水净化造成较大压力，一旦暴发疾病，将造成巨大的损失。为了追求更高的经济效益，养殖户会通过投加饲料提升养殖生物生长速度和养殖密度。以现在的饲喂方式，投喂的饲料绝大部分都以粪便和残饵的形式排放到水体中。养殖生物的排泄物、残饵的排放对近岸水域环境造成很大影响，为缓解池塘水质恶化，只能通过加大换水频率实现，从而大大增加了尾水的排放量。我国南北方气候与环境条件迥异，南方基本能够实现全年养殖，以鱼类和虾类养殖为主，养殖密度比较高，日常换水量比较大。北方池塘养殖以海参、贝类为主，一般为季节性养殖，每年的5月至9月，养殖密度较低，换水量较小，依靠潮汐换水为主，但在收获季节一次性尾水排放的压力比较大。以大连市的海参池塘养殖为例，在海边使用混凝土和石块建坝围出一定面积的海水池塘，利用潮汐作用进行换水，池内水深1.5m以上，采用人工投喂配合饲料的方式进行养殖。该池的优点是便于观察和管理且造价低，但污染较为严重。部分海参池塘规划和布局不合理，海参养殖池塘绵延数公里，万亩连成片，集中换水期会引起池塘进排水困难和自身污染，造成附近海域生态环境的不断恶化。在这种海参池塘连片的地区，一旦病害暴发将造成巨大的损失。

由于池塘养殖水质调控能力较弱，在养殖生产前一般会对水体微环境进行调控。主要包括增氧、培育有益藻类及投放微生物制剂，然而这些方法仅能在有限的时间内起到缓解水质作用，通常的解决方法是增大养殖池换水量。同时，为控制病害发生，保证养殖效果，在养殖过程中投加各类药物也是常用的手段。在此状况下，池塘养殖的尾水问题不仅是由于残饵粪便引起的富营养化物质积累，还存在药物残留等问题，这些都会对海洋生态环境造成较大的影响。

（二）工厂化养殖尾水排放

工厂化养殖是一种集技术、装备与管理于一体的现代化水产养殖方式，其特点是利用配套机械仪器设备及设施，开展高密度、集约化的养殖模式。根据鱼类生长对环境和营养的需要，通过控制最适生长环境和供应高效饵料，加快养殖生物生长，缩短养殖周期，追求经济效益最大化。从20世纪60年代起，我国就出现了工厂化养鱼模式。20世纪70年代，为了进一步优化养殖环境，节约水资源，国家开始出台一系列政策来推动和鼓励工厂化养殖的发展，减少传统的池塘养殖。近年来，随着我国海水工厂化养殖设施设备的不断完备，养殖技术迅速提高，水产养殖模式逐渐从简单的消耗型"水泥池+温室棚"模式发展到绿色节约型循环水养殖模式。据《中国渔业年鉴2021版》统计，我国海水工厂化养殖规模在2020年达3941万立方米，海水工厂化养殖产量达32.5万吨。

工厂化循环水养殖模式主要包括流水养殖模式、半封闭式循环水养殖模式以及全封闭式循环水养殖模式。工厂化流水养殖模式主要利用不断流动的水流，通过控制养殖环境条件开展水产养殖，具有投入少、建池简单、占用面积小等特点，主要应用于耗氧量高的经济性鱼类，但这种养殖方式的耗水量极大，流水交换量为每天6～15次，养殖用水不再进行循环利用。尽管流水养殖对水资源的消耗较为严重，但仍是我国使用最多、养殖面积最广的工厂化养殖方式。以大菱鲆工厂化养殖模式为例，其生长适宜的养殖温度为12～18℃，而我国北方养殖地区海水温度变化大大超出这个范围，通常利用近海深水井抽取地下海水可以基本解决天然海水温差过大的问题，采取"温室大棚+深井海水"的流水式工厂化养殖模式可以创造适合大菱鲆的光照环境且容易控温。但是，绝大多数大菱鲆养殖场采取流水养殖模式，每日换水次数达到5～8次，对深井海水的消耗量很大，相应的养殖尾水的排放量也非常大。

半封闭式循环水养殖模式是指养殖废水经沉淀、过滤、消毒等简单处理后再进行循环使用，主要包括养殖池、增氧设施、水质净化系统、消毒防病设施、水温调控设施5部分。与流水养殖模式相比，此种养殖模式降低了一部分用水量。许多地区的工厂化养殖的现状是"人工养殖池+厂房外壳"，设施、设备较少，产量较低，对尾水排放的处理程度不够，净化效率还有较大的提升空间。

全封闭式循环水养殖模式是指养殖废水通过水处理设备净化消毒杀菌后，再进行循环使用的一种养殖模式，以期实现"零排放"。主要包括物理过滤装置可以去除废水中的悬浮颗粒物，生物净化装置可以去除废水中的氮磷等无机盐，臭氧发生装置可以消毒杀菌，曝气装置可以补充系统内氧气，其关键技术是水质净化处理，核心是水溶性有害物质的快速去除和增氧技术。这种养殖模式前期投入较高，但是未来水产养殖业的发展方向，其不仅能节约水资源、降低环境污染、减少用地，而且因系统全封闭不受地域与环境的影响，可保障养殖产品的质量安全，病源可控。与传统流水养殖方式相比，循环水养殖生产可以节约90%～99%的水和99%的土地。循环水养殖系统的换水率为5%～10%，对净水处理系统的要求较高，若降低水循环利用的程度，可简化水处理设施，降低设施成本，达到提高普及率的目的。若再结合生态工程技术，构建设施化生态净化系统，对30%～50%的排水进行净化处理，能大大降低养殖尾水的排放量，可达到回用或梯级养殖的目的。

（三）网箱养殖尾水排放

网箱养殖作为我国海水养殖的主要方式之一，主要包括普通网箱和深水网箱两种模式。普通网箱，又称为渔排，一般为内湾浮排式竹、木结构的方形网箱；深水网箱，通常设置在较深海域，是利用新材料、防海水腐蚀等技术建造的圆形双浮管式大型网箱，具有抗风浪能力强、集约化程度高、养殖容量大等特点。网箱养殖的一般养殖物种以高价值鱼类为主，在市场鲜活海产品供应中发挥了重要的作用。据2021年中国渔业统计年鉴，2020年全国海水养殖产量为2065.33万吨，其中海水普通网箱养殖产量为55.03万吨，深水网箱养殖产量为20.52万吨。随着网箱养殖的规模和产量的不断增长，网箱养殖产业发展过程中存在的问题日益突出，主要表现为养殖成本收益波动、渔业环境日趋恶化、渔业管理相对滞后、科技支撑明显不足和产业发展缺乏引导等。由于网箱养殖鱼类往往密度很高，需要人工长期投喂冰鲜杂鱼、人工颗粒饲料作饵料，因此若水流扩散条件较差，残饵、排泄物在附近海域大量沉积，则导致海水水体富营养化，水环境、底质日渐老化，病菌滋生，鱼病日渐严重。养殖网箱大多集中分布在内湾10m等深线以浅的区域，因此随着养殖数量和规模的无序发展以及布局不合理，近岸养殖区的中心地带水流不畅、水质恶化、病害流行、养殖鱼类大量死亡的现象日渐频现。

为解决水产养殖业绿色发展面临的突出问题，农业农村部等十部委于2019年2月联合印发了《关于加快推进水产养殖业绿色发展的若干意见》（以下简称"意见"），"意见"提出要加强科学布局，积极拓展养殖空间，支持发展深远海绿色养殖，鼓励深远海大型智能化养殖渔场建设；"意见"中提出要转变养殖方式，鼓励深远海大型养殖装备、集装箱养殖装备、养殖产品收获装备等关键装备研发和推广应用。为实现新时期我国海水养殖业的可持续发展，减轻养殖活动对近岸海区的影响，亟须拓展养殖空间，实施深远海养殖战略。深远海渔业是指在大陆架以外、水深超过20m的水域开展的水产养殖活动，该水域离陆地较远，受沿海污染或富营养化影响较小，中下层海水基本不受光照影响，水温等理化因子变化较小，水质条件温度适合开展水产养殖活动。此外，在深远海水域开展水产养殖是环境友好型水产养殖发展的方向，由于水流交换空间足够大，海洋降解能力发挥充分，养殖过程排放的营养物质对环境不仅不会产生负面影响，反而有可能对海洋初级生产力产生正面作用。以海南省临高县为例，截至2013年年底，共有深水网箱3000余只，占全省的近80%，成为了亚洲最大的深水网箱养殖基地。然而，关于在深远海养殖体系中的各要素如养殖物种的选择和环境适应性等的研究和实践还较为欠缺，需考虑深远海养殖大型养殖平台养殖工艺设计与适养生物的选择。

（四）海洋牧场

海洋牧场是指在一定的海域设置水产资源养护的措施，成为水产资源人工繁殖和采捕的场所，是一种新型的增养殖渔业系统。以海洋牧场海参养殖为例，通过投放人工海参礁为刺参提供隐蔽的生存场所，繁殖大量的海藻、水草供刺参栖息和摄食。将一定规格的海参苗投放到指定海域，靠自然的饵料生长，3～5年后采收，该养殖方法模拟自然生态环境，不投饵，不对海洋环境造成污染。然而，在海洋牧场建设实践中，海洋牧场虽然减少了传统海水养殖带来的污染，但维护并改善海洋生态环境的作用并未得到重视。绝大多数海洋牧场难以抵御环境与生态灾害，增殖放流的幼苗成活率得不到保证，部分海洋牧场对生态环境还造成了负面影响。对象山港海洋牧场2010年春夏两季渔业调查的结果显示，资源生物的Shannon-Wiener多样性指数在1～3，参考《水生生物监测手册》的评价标准，提示该海洋牧场海域处于中度污染水平。海洋牧场人工鱼礁的投放使鱼礁区活性磷酸盐和无机氮浓度增加，且在海洋牧场建设过程中，人工鱼礁会阻碍陆源沉积物的运输，影响有机质对金属离子的吸附和颗粒物的再悬浮等，影响海洋牧场中重金属的空间分布，改变海洋牧场沉积物源和汇作用的发挥。此外，海洋牧场的建设还可能会引起浮游生物群落结构和生物量的变化。

二、海水养殖尾水的成分与组成

海水养殖过程中残留的饲料粪便形成的颗粒态固体废物、代谢物、营养盐、微生物制剂和抗生素等药物残留是海水养殖尾水中的主要污染物。未经处理的养殖尾水大量排放会加剧海水氮、磷的累积，造成海水富营养化，诱导赤潮发生。通常养殖尾水中的营养盐、溶解性有机物、悬浮固体颗粒物和病原体是处理的重点。溶解态的营养盐主要包括氨氮、亚硝酸盐、硝酸盐。无机氮盐主要是由水生动物的排泄物以及残饵等含氮的有机物分解形成，容易造成水体富营养化，会对养殖动物产生一定的毒性，其中亚硝酸盐的存在可导致水生生物的摄食能力下降，甚至死亡。溶解性有机物主要由残饵、生物的代谢物或排泄物分解产生，高浓度的有机物会造成水质恶化，引起鱼类生长缓慢，甚至出现泛池或死亡的现象。

不同的海水养殖模式尾水排放特征不同，以天津为例。截至2020年3月，天津市有池塘养殖867.1hm²，工厂化养殖75.7hm²。按目前养殖情况测算，天津市海水养殖年排水量共约6037.8万立方米，其中池塘养殖年排水量867.1万立方米，工厂化养殖年排水量5170.8万立方米。养殖尾水中约99%直接排入地表水体，经入海河流入二类海域，约1%直接排入二类海域。工厂化养殖中，循环水养殖56.4hm²，非循环水养殖19.3hm²，循环水养殖中11.3hm²尾水零排放。池塘养殖水深约1.0m，年排水1次，集中在每年10月，全部排干，主要污染因子是悬浮物、COD和总磷；工厂化养殖池水深度约0.5m，其中，循环水养殖的日换水量约占总养殖水量20%，非循环水养殖的日换水量约为总养殖水量100%，工厂化养殖污染因子主要是总氮和总磷。循环水养殖的特点是通过机械和生物过滤器在系统内循环利用，可将水需求降低至传统养殖水量的10%，大幅度减少水的消耗，并降低出水中氮、磷等营养物质浓度。循环水养殖系统中，利用生物滤池将养殖废水中氨氧化为硝酸盐，降低出水氨氮含量。但随着运行时间的增加，反应系统中的硝酸盐可积累到300～400mg/L，含有高浓度硝酸盐的养殖尾水进入接收水体，对环境产生危害。对于网箱养殖，除了养殖残饵及粪便排放引起的水中氮、磷元素增加，还会引起水体中悬浮颗粒物含量增加，网箱养殖造成大量的物质沉积，导致海底抬升，从而减少渔场与外界海域水交换量，使养殖区富营养程度更高。

此外，在水产养殖中广泛使用各种消毒剂、抗生素、激素等化学药品用于防治水产病害、清除敌害生物、消毒抑菌。作为抗生素生产和使用的大国，中国于2009年抗生素使用量达14.7万吨，截至2013年，使用量增加到16.3万吨，远超其他国家。抗生素不仅可以促进水生动物的生长，减少病害的发生，而且有利于水生动物的营养吸收，提高饲料的利用效率，增加水产养殖总量。中国生产的21万吨抗生素，有近一半被用于动物饲料中。将抗生素作为集约化养鱼的药物饲料中的饲料预混料使用时，由于抗生素的生物利用性较小，仅有约

20%～30%的抗生素被水生动物利用，其余部分抗生素原药或代谢产物以排泄物、饲料残留等形式进入养殖废水中，造成生态环境的污染。由于抗生素在周围水环境中的不断释放，导致抗生素释放量大于降解量，使得抗生素被认为是"伪持久性"污染物。这种现象可能会导致不利的生态影响，如微生物耐药性的产生，对水生动、植物及微生物的毒性作用，以及对人类致病微生物生物抗性转移的可能等风险。

第三节　海水养殖尾水类型与特征

一、工厂化循环水养殖尾水

我国工厂化养殖技术起步较晚，技术体系尚待完善，最典型问题为科研滞后于生产。大连区域工厂化养殖模式主要分为两种，一是传统的普通流水养鱼，多见于育苗室、海参池和虾池等，养殖密度较小，污染较小；二是先进的循环水养殖模式，多见于河鲀、鲷类、花鲈、石斑鱼和牙鲆等，养殖密度相对较大，污染问题较多。工厂化循环水投资成本高，技术难度大，普通养殖户很难应用，因此，大连区域内大部分以流水养鱼或半流水养鱼为主，只有几个大型龙头企业应用了循环水养殖模式。

（一）工厂化循环水养殖工艺

相比于普通流水养鱼，循环水养殖可以实现水体循环利用，能够综合运用沉淀、过滤、生物/生态处理技术、杀菌消毒以及增氧控温等技术，将外来污染源和病原体带来的危害降低，实现对海水养殖尾水的资源化循环处理。循环水养殖自动化程度高，用水量、水温、溶氧、投饵、排污等均可由中控室监控。但是，工厂化循环水养殖投资成本高，规模化程度高，多见于大型养殖企业，限制了个体户规范化使用。潜在排污环节为尾水排放和微滤残饵、粪便排放，其污染物种类主要包括残饵、粪便等固态污染物和有机碳、氮、磷、重金属等溶解态污染物。残饵、粪便是工厂化循环水中的主要固体污染物，也是工厂化养殖的主要污染物，它们会造成水体外观恶化、浑浊度升高、改变水体颜色。残饵可以通过精确投喂系统减少，而粪便必须经过机械过滤排出系统。由于工厂化养殖污染物相对集中，采用集中式处置尾水方法较为可行。

（二）现状监测与分析

现场运行数据（表1-2）显示，工厂化循环水设备运行稳定，出水中污染物以氮、磷为主。但育苗池为阶段排水，数据需要进一步跟踪。

表1-2 工厂化养殖池水质分析情况

工厂化养殖池	pH	活性磷/(mg/L)	NH_3-N/(mg/L)	NO_2-N/(mg/L)	COD/(mg/L)	Cu/(mg/L)	Zn/(mg/L)
海参苗池	<8.1	0.1～0.5	<0.2	<0.1	<3.6	<0.01	<0.1
虾苗池	7.4	0.13	0.19	0.09	4.49	0.003	0.018
鱼池	7.3～8.1	0.05～0.5	<0.3	<0.1	<3.0	<0.01	<0.1

（三）存在的主要问题

工厂化循环水属于半封闭系统，与传统工艺相比，每日更换水量较小，出水主要含硝酸盐、活性磷和少量悬浮物，且水中溶解氧浓度极高。常用废水脱氮除磷工艺主要是通过活性污泥法，将氮转化为氮气，磷被微生物摄取后以有机磷形式排出。如果采用传统生物脱氮处理技术处理尾水，必须克服高盐、低COD/N，否则出水硝态氮、活性磷酸盐浓度均达不到新的排放标准，必须辅以有效的化学手段或生态手段，如人工湿地、藻类净化等技术进行深度脱氮除磷。植物可以直接且最大限度捕捉水里的氮、磷元素，实现废水氮、磷深度去除。辽宁地区受温度制约，开放式生态系统受限。藻类适合室内大规模养殖用于处理废水，且微藻类产品，可以作为植食鱼类饵料，也可直接作为化工原料出售。但是，微藻个体较小，比重较轻，很难从水中分离出来。因此，相关技术难题急需攻克。

二、工厂化育苗生产废水

工厂化育苗也是工厂化养殖模式的一种，目前普遍采用传统的升温流水养殖模式，水资源浪费大、能耗高。幼苗培育过程对水质要求高，尤其不能有竞争性天敌或者病毒细菌在系统内滋生。一般使用杀虫剂和抗生素就是要阻止外来生物的侵入。海参育苗主要在夏季完成，周期较短，但用水（排水）集中。海参育苗期间，饵料投加较少，潜在污染物为幼苗排泄物，企业多采用投加菌剂净化养殖水。排污环节为幼苗倒池，潜在污染物为菌膜或颗粒、养殖池清洗废水和少量排泄物。

（一）工厂化育苗生产工艺

当海参胚胎发育到小饵幼体时要进行选育，用NX79尼龙丝网拖选或虹吸选育，选育中上层幼体，培育池密度控制在0.5个/mL左右。刺参幼体的适口饵料有盐藻、角毛藻、叉鞭金藻等。此外有些代用饵料，如鼠尾藻磨碎液。投喂一般遵循坚持少投、勤投的原则，不可一次投喂过多，否则刺参幼体易消化不良。在浮游幼体培育期间，刺参一般不倒池主要依靠换水来改善水质，每日换水2次，每次换水1/3～1/2。为使幼体均匀分布，每隔一小时用翻水板上下翻动池水1次。一般每隔3～4天用虹吸管清底1次，把池底的残饵、原生动物、幼体的排泄物等清除出去，清除后的污物要集中处置。

当20%～30%幼体发育至樽形幼虫时，即可投放稚参采集器。采集器经过10～20天的预接种，附着基上面附着一层底栖硅藻，稚参采集密度不要过大，一般为0.5头/cm。体长2mm以前的稚参，以附着基上底栖硅藻为主要饵料，也可以投喂一些单胞藻类，并逐步增加光照强度，使附着基上的底栖硅藻得以繁殖。随着稚参的生长，要及时补充新的底栖硅藻及鼠尾藻磨碎液，当稚参体长达2mm以上时，可完全以鼠尾藻磨碎液为饵料，每日投喂4次，每次20～30mg/kg。稚参培育采用流水方法来改善水质，一般每天流水4～6次，每次1小时，每天的流水量为培育水体的2～3倍，并在水温较高时增加流水量，此后，需要根据海参苗生长情况和水质情况进行阶段清底、倒苗。综上所述，海参育苗过程存在人工投饵环节，且换水频繁，潜在污染很大。

（二）现状监测与分析

目前海参育苗主要在车间内完成，通过调温来维持适宜温度。海参育苗水使用后直接排放，重新更换新水。温度调控能耗大，源水处理效果不佳。换水后经常出现死苗现象。通过调研，车间排水采用直排形式，现场取样测定水质情况如表1-3所示。

表1-3　海参育苗室氨氮浓度　　　　　　　　　　　　单位：（mg/L）

监测项目	水益生	有德海参	金砣海参	玉洋集团	鑫玉龙
NH_3-N	0.193±0.02	0.084±0.01	0.214±0.02	0.190±0.02	0.039±0.02

（三）存在的主要问题

海参育苗生产废水含有大量残饵及粪便悬浮物，其中无机泥沙含量较高，并包含海参粪便等有机物。这些废水未加任何处理直排入近海水体，不但对近岸水环境造成威胁，而且高温期有可能因腐败变质危害自身生产用水的水质。

三、池塘养殖尾水

传统海参养殖方式是以圈养（即池塘养殖）为主，围堰养殖为辅，少量底播养殖。圈养的优点是海参生长周期短，一般都是春季投苗秋季收获，海参的生长周期仅为7～8个月。同时，圈养多采用连续播种，连续采收的方式，使得池塘连续承载环境压力，排泄物沉底并持续释放，水体发生富营养化。

（一）池塘养殖生产工艺

新建或清淤后的池塘，在最初1～2年的养殖生产中，一般很少发生病害，在连续养殖生产3年以上的池塘中，抑制刺参快速生长的因素会逐年增多：附着基的淤积导致刺参的附着空间减少；残饵、粪便以及死亡的水生动植物沉积于池底，腐烂变质后会导致底泥变黑变臭，产生大量有毒物质，引发刺参疾病；敌害生物如虾虎鱼、蟹类与参苗争夺饵料和生存空间，甚至捕食参苗，容易造成刺参损伤、生长缓慢、成活率低。故池塘清淤工作极其重要。

清淤一般选择在初春或秋季水温下降到10℃左右时进行。此时气温较低、光线弱，不容易造成刺参干露排脏。方法是：先将池内刺参拣出，移到室内暂养；然后排干池水，用高压水枪喷射附着基，冲刷掉池底污泥及杂物，若池底淤泥较厚，应采用推土机清除；最后平整池底，曝晒数日，必要的时候回添新沙，然后重新摆放附着基。

清淤后，选择在大潮期间纳水，之后投加繁殖基础饵料，7天后即可放苗。

水质管理是整个养殖过程中最关键的环节，应主要抓好以下几个方面的工作。

1. 肥水

肥水有利于浮游微藻和底栖硅藻的繁殖。在池塘中保持一定种类和数量的单细胞藻，能有效吸收有机物分解产生的有毒物质，改善池塘生态环境。浮游微藻的存在还可以调节池水透明度，为刺参营造适宜的光照条件，抑制水草与大型水藻的生长繁殖。具体的肥水方法：池塘清淤后，将池水注满，每亩❶添加50kg发酵后的有机肥（如鸡粪）和2～5kg化肥，使得氮磷比为10∶1；新建池塘可加大有机肥的施用量，老池塘则以施用无机肥为主，可添加商品化的高效肥料，如肥水肽、藻安生等。一般施肥7天后池水颜色会逐渐变成浅黄褐色，此时开始投放参苗。

---

❶ 1亩=666.67m²。

2. 科学换水

开春时，应保持较低水位，可提高光照利用率、加快水温回升，促进底栖硅藻及其他浮游植物的繁殖，产生更多的氧气。较浅的水位有利于上下层水体对流，上层浮游植物多，氧气丰富，可有效改善底层水质，防止池底缺氧。开春至4月，池塘水深应保持在0.5～0.8m，5月后逐渐增加水深至1m左右。刚开始每次换水量不宜太大，越冬期间一般很少换水，突然大量换水会引起池塘水环境变化幅度过大，导致强烈的应激反应，进而对刺参造成伤害。自然海域的水温较低时，换水过多也不利于池塘水温的回升。建议前几次进水时日换水量达10％左右即可，随着水温的升高换水量逐渐升至20％左右。进水时最好选择在晴天中午或下午进行，此时海域水温较高、水质较好。需特别注意，冬季结冰的池塘，开春冰层融化后要及时排出表层低盐度水，然后逐渐补充新鲜海水，可以防止池水分层或局部盐度过低。

到了夏季高温期，池水温度达21℃以上时，成参逐渐进入夏眠期，免疫力下降，抗逆能力差，极易发病死亡，科学换水尤为重要。因为日出前后的一段时间里海水的水温偏低，所以这是向池内注水的最佳时间段。如此可以起到使水池内的温度变低的作用，减少刺参在夏季休眠的时间。如果有条件，可以再注入地下水或其他较低温度的海水从而帮助池内水降温。与此同时，为了防止雨后水体分层，最好采用增氧设备。

进入冬季，水体温度偏低，池塘水环境较稳定，但浮游植物的光合作用也相对减弱，池内有害物质不能及时被分解，适量注水能有效改善水质，为刺参的生长营造良好的生态环境。换水时要留心：气温较低时，刺参的代谢能力也弱，不必和其他季节一样大量换水，冬季开始的一段时间内，每天的换水量大约在10%；在全年水温最低的时间段内，池内水可以持续几天只进不排，但要保持最高水位才行；从冬季开始到结束需要保持1.5～2米的水位，以此来确保水体温度的平稳；在温度骤降之前，要记得将水位升高，防止因为温度的骤降而给刺参带来不可逆的伤害。与此同时，向池内加水也需要注意海水水温较低的问题，为防止池水温度因加水而降低，尽量挑选在一天之内温度最高的时间段内进行。

海参从1000头后投入池塘进行室外自然养殖，不进行投喂，以底栖硅藻为食物。换水方式上大部分采用潮差换水法，小部分采用水泵提水的方式。由于海水养殖对肥水的要求，氮和磷如果太低不利于底栖硅藻等繁殖，间接影响海参食物来源。肥水对养殖海参有利，采用传统的肥水方式虽然氮磷浓度较低，但每次换水量巨大，对周边海域存在着潜在的威胁。

（二）现状评价

1. 现状数据来源

大连市近岸海域国控监测点以及陆源污染物排放源的常规污染物浓度数据主要通过搜集已有监测数据获得。此外，为了更加详细了解区域海水水产养殖污染状况，对大连周边海水养殖区开展了实地采样与监测。近岸海域常规污染物排放调查采样分别在普兰店湾、登沙河口、皮口和庄河口布设了四个点位。

2. 评价标准

《海水水质标准》（GB 3097—1997）二类标准限值。

3. 评价方法

pH、DO、活性磷酸盐和COD采用单因子标准指数法进行评价。

（1）pH的标准指数SpHj：

$$SpHj=（7.0\text{-}pHj）/（7.0\text{-}pHsd）\qquad pHj \leqslant 7.0 \qquad (1\text{-}1)$$

$$SpHj=（pHj\text{-}7.0）/（pHsu\text{-}7.0）\qquad pHj > 7.0 \qquad (1\text{-}2)$$

式中：pHj为pH实测值；

pHsd，pHsu为海水水质标准中规定的pH的下限和上限。

（2）DO的标准指数SDOj：

$$SDOj=|DOf\text{-}DOj|/（DOf\text{-}DOs）\qquad DOj \geqslant DOs \qquad (1\text{-}3)$$

$$SDOj=10\text{-}9 \times DOj/DOs \qquad DOj < DOs \qquad (1\text{-}4)$$

$$DOf=468/（31.6+T）\qquad (1\text{-}5)$$

式中：DOf为饱和溶解氧浓度，mg/L；

DOj为溶解氧实测值，mg/L；

DOs为溶解氧的海水水质标准，mg/L。

（3）其余因子的标准指数公式为：

$$Ii=Ci/Cio \qquad (1\text{-}6)$$

式中：Ii为某种污染物的评价指数，无量纲；

Ci为某种污染物的实际监测浓度，mg/L；

Cio为某种污染物的海水环境标准浓度，mg/L。

4. 评价结果及分析

（1）pH达标性分析（图1-5、图1-6、图1-7）

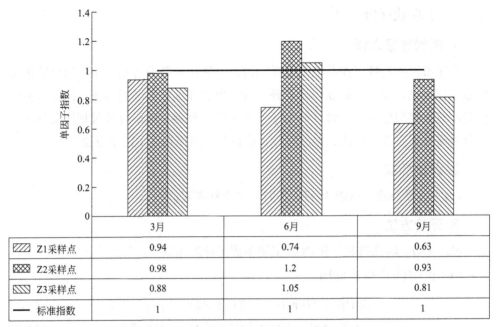

	3月	6月	9月
▨ Z1采样点	0.94	0.74	0.63
▩ Z2采样点	0.98	1.2	0.93
▨ Z3采样点	0.88	1.05	0.81
— 标准指数	1	1	1

图1-5　庄河口pH达标性分析

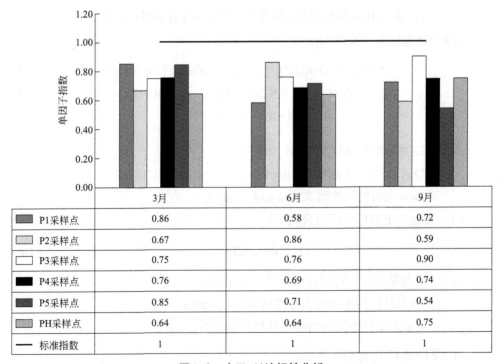

	3月	6月	9月
▨ P1采样点	0.86	0.58	0.72
▫ P2采样点	0.67	0.86	0.59
▫ P3采样点	0.75	0.76	0.90
■ P4采样点	0.76	0.69	0.74
▨ P5采样点	0.85	0.71	0.54
▨ PH采样点	0.64	0.64	0.75
— 标准指数	1	1	1

图1-6　皮口pH达标性分析

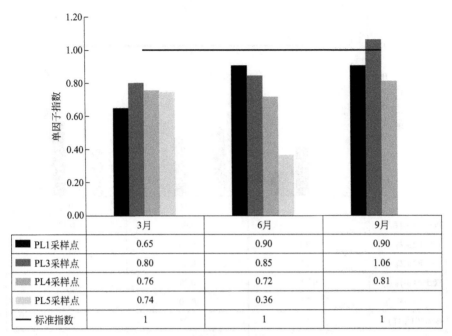

	3月	6月	9月
■ PL1采样点	0.65	0.90	0.90
■ PL3采样点	0.80	0.85	1.06
■ PL4采样点	0.76	0.72	0.81
■ PL5采样点	0.74	0.36	
— 标准指数	1	1	1

图1-7　普兰店湾pH达标性分析

（2）DO达标性分析（图1-8、图1-9、图1-10）

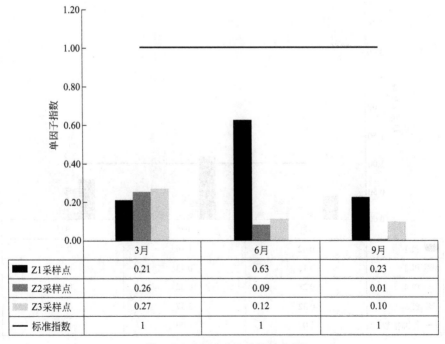

	3月	6月	9月
■ Z1采样点	0.21	0.63	0.23
■ Z2采样点	0.26	0.09	0.01
■ Z3采样点	0.27	0.12	0.10
— 标准指数	1	1	1

图1-8　庄河口DO达标性分析

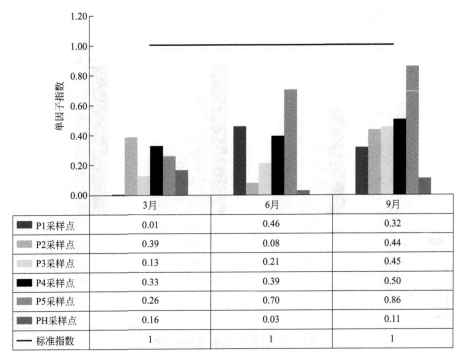

	3月	6月	9月
■ P1采样点	0.01	0.46	0.32
■ P2采样点	0.39	0.08	0.44
■ P3采样点	0.13	0.21	0.45
■ P4采样点	0.33	0.39	0.50
■ P5采样点	0.26	0.70	0.86
■ PH采样点	0.16	0.03	0.11
—— 标准指数	1	1	1

图1-9　皮口DO达标性分析

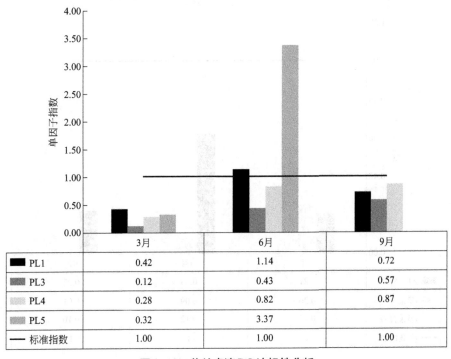

	3月	6月	9月
■ PL1	0.42	1.14	0.72
■ PL3	0.12	0.43	0.57
■ PL4	0.28	0.82	0.87
■ PL5	0.32	3.37	
—— 标准指数	1.00	1.00	1.00

图1-10　普兰店湾DO达标性分析

（3）活性磷酸盐达标性分析（图1-11、图1-12、图1-13）

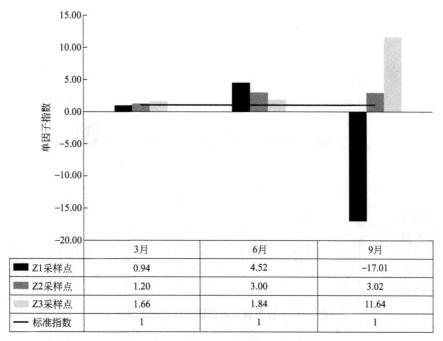

	3月	6月	9月
■ Z1采样点	0.94	4.52	−17.01
▨ Z2采样点	1.20	3.00	3.02
▨ Z3采样点	1.66	1.84	11.64
— 标准指数	1	1	1

图1-11 庄河口活性磷酸盐达标性分析

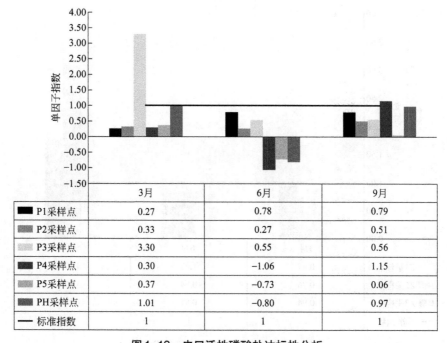

	3月	6月	9月
■ P1采样点	0.27	0.78	0.79
▨ P2采样点	0.33	0.27	0.51
▨ P3采样点	3.30	0.55	0.56
▨ P4采样点	0.30	−1.06	1.15
▨ P5采样点	0.37	−0.73	0.06
▨ PH采样点	1.01	−0.80	0.97
— 标准指数	1	1	1

图1-12 皮口活性磷酸盐达标性分析

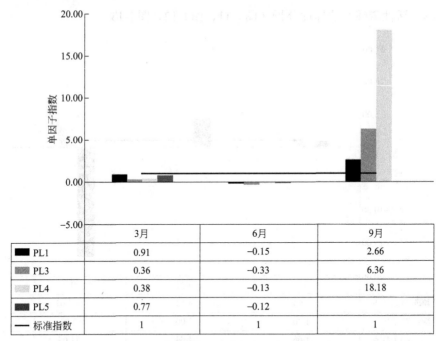

	3月	6月	9月
■ PL1	0.91	−0.15	2.66
PL3	0.36	−0.33	6.36
PL4	0.38	−0.13	18.18
■ PL5	0.77	−0.12	
— 标准指数	1	1	1

图1-13 普兰店湾活性磷酸盐达标性分析

（4）COD达标性分析（图1-14、图1-15、图1-16、图1-17）

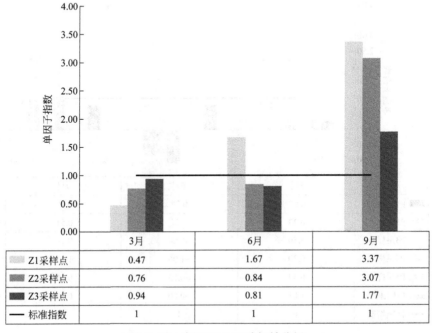

	3月	6月	9月
Z1采样点	0.47	1.67	3.37
Z2采样点	0.76	0.84	3.07
■ Z3采样点	0.94	0.81	1.77
— 标准指数	1	1	1

图1-14 庄河口COD达标性分析

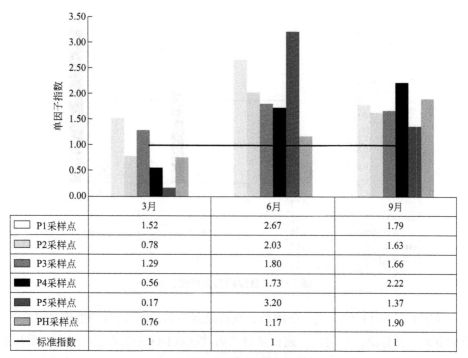

	3月	6月	9月
☐ P1采样点	1.52	2.67	1.79
▨ P2采样点	0.78	2.03	1.63
▨ P3采样点	1.29	1.80	1.66
■ P4采样点	0.56	1.73	2.22
▨ P5采样点	0.17	3.20	1.37
▨ PH采样点	0.76	1.17	1.90
— 标准指数	1	1	1

图1-15　皮口COD达标性分析

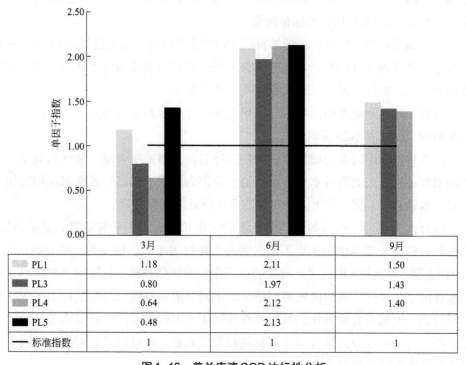

	3月	6月	9月
▨ PL1	1.18	2.11	1.50
▨ PL3	0.80	1.97	1.43
▨ PL4	0.64	2.12	1.40
■ PL5	0.48	2.13	
— 标准指数	1	1	1

图1-16　普兰店湾COD达标性分析

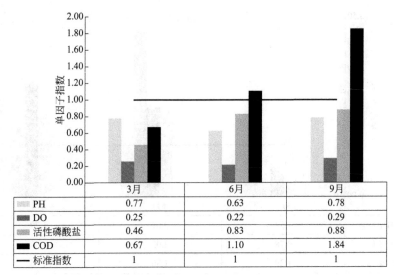

	3月	6月	9月
PH	0.77	0.63	0.78
DO	0.25	0.22	0.29
活性磷酸盐	0.46	0.83	0.88
COD	0.67	1.10	1.84
—— 标准指数	1	1	1

图1-17 登沙河口达标性分析

由图1-5～图1-17可见，庄河口、皮口及普兰店湾区域pH均能满足《海水水质标准》二类标准；庄河口、皮口及普兰店湾区域DO均能满足《海水水质标准》二类标准，只有普兰店湾区域在6月份偶有超标现象；皮口区域活性磷酸盐基本达标，庄河口及普兰店湾出现超标现象；登沙河口COD几乎全部达标，庄河口、皮口及普兰店湾COD均出现超标现象。

综合结果认为，所监测区域的pH、DO几乎都达标，部分区域的COD出现超标现象，其次为活性磷酸盐，说明部分海域这两种污染物浓度本底值略高。这些数据可为后续如何改善区域海水环境质量提供参考。

另外，还对池塘养殖企业进行调研走访，并取样测定其参圈水质情况，结果分析如图1-18～图1-25所示。

以下数据表明海参池塘氮磷污染物浓度较高；溶解氧含量、化学需氧量、氨氮的浓度不符合二类海域水质标准，这主要因为夏季水温高导致底部沉积物快速变质，水质急剧恶化，产生大量有毒物质并降低溶解氧含量。

综合结果认为，不同参圈养殖废水的污染超标因子主要有氨氮、亚硝态氮、活性磷、锌离子等共性因子。不同参圈污染超标因子大小排序为：活性磷>氨氮>亚硝态氮>锌离子>铜离子。海参养殖污染物的评估和排放标准可以参照以上污染超标因子。经过一系列研究得到结论，不同参圈养殖废水污染超标因子中氨氮含量最高。说明应着重强化监测氨氮在养殖废水中的含量；根据污染超标的因子来分析，占主要成分的是食用性有机物和微量元素，所以有必要对海参饲料、排泄物与其污染因子的相关性进行研究。

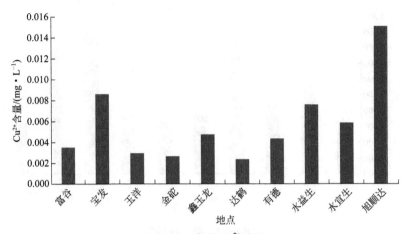

图1-18 参圈Cu²⁺浓度

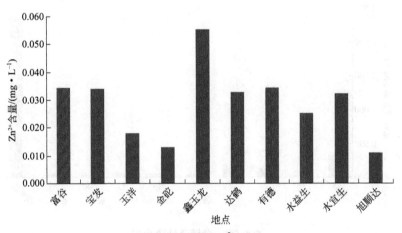

图1-19 参圈Zn²⁺浓度

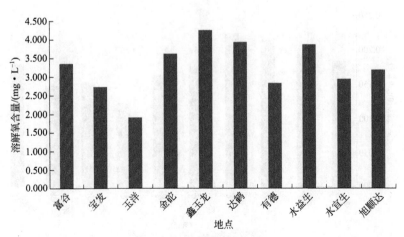

图1-20 参圈溶解氧含量

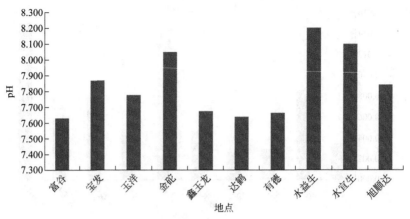

图1-21　参圈pH值

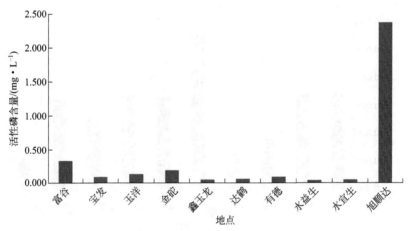

图1-22　参圈活性磷含量

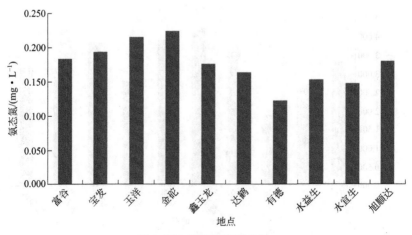

图1-23　参圈氨态氮含量

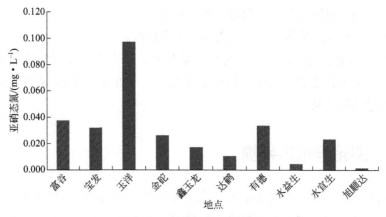

图1-24　参圈亚硝态氮含量

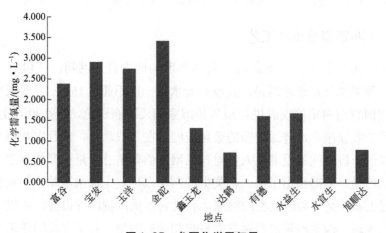

图1-25　参圈化学需氧量

批次相同与不同会出现很大的区别，可以看出有许多左右污染因子的要素，需要深入研究；相关的铜元素没有超标，然而在不同的参圈中却有很大差异，关于其他污染因子是否与其有相关性还需要进行一系列深度研究，与此同时污染因子的测评方法也同上所述。

（三）池塘养殖存在的主要问题

海水池塘养殖存在的主要问题有：

（1）部分海域COD和活性磷酸盐浓度本底值较高；部分池塘养殖企业的参圈氮磷污染物浓度较高。

（2）换水和排水都使用同一条潮沟，排水未经处理，直接在潮沟里沉淀，淤泥较多，底部沉积物浓度较高。

（3）参圈溶氧浓度低于二类海域水质标准。

（4）参圈氨氮浓度普遍高于二类海域水质标准。

（5）夏季水温过高，会导致海参大量死亡。一方面是超过30℃高温导致死亡，另一方面高温会导致底部沉积物快速变质，水质急剧恶化，产生大量有毒物质并降低溶解氧含量。

四、网箱养殖污染物

近几十年来，网箱养殖在全国各地迅速发展，与此同时也出现了一些环境问题。网箱养殖主要用网箱在近海进行养殖生产。大量无序开展的网箱养殖导致附近水体、沉积物受到污染，因此急需对网箱养殖污染物排放进行控制。

（一）网箱养殖生产工艺

网箱养殖工艺是在水质肥沃，底部平坦的地方置入网箱，一般分为三种类型。第一种类型就是普通网箱，其放置处水深一般不超过15m，主要放置在近岸海域。我国普通网箱的发展进程跟其他国家相比稍有逊色，但在投入实践以后，养殖总产量收获颇丰，普通网箱的数量也随之在直线攀升，并且主要集中在沿海省市。经过一段时间的发展，人们对普通网箱的养殖总产量的要求逐步提升，不满足其总产量，随即推出了第二种类型的网箱，也就是深水网箱，其放置处水深一般超过15m，是一种较大型的网箱，并且它的抗风抗浪性很强，所以一般放置在开放性水域。深水网箱的养殖总产量远超普通网箱，甚至在我国蓝色粮仓的建设和储备中充当了重要角色。深水网箱的主要优点是配套性较强，规模庞大，产业化程度高。在国内形成了一套完整的深水网箱养殖体系以后，开发出了数十种不同的深水网箱，满足内需的同时还可以出口国外，由此可见我国深水网箱养殖技术已经达到较为成熟的水平。第三种类型的网箱是深远海网箱。深远海网箱养殖结合并运用了海洋技术领域的相关知识，是新材料与生态平衡养殖技术相结合构建的一种新型养殖模式。

（二）现状监测与分析

大连市网箱养殖中鱼类养殖数量约为8200吨（河豚：3000吨，其他：5200吨），总氮总排放量为620.1吨，总磷总排放量为48.1吨，COD总排放量为622.8吨。海水养殖产量中普通网箱2400吨，深水网箱1500吨；普通网箱和深水网箱养殖面积分别为38500m^{2}和140000m^2。

（三）网箱养殖存在的主要问题

1. 残饵污染

在网箱养殖的过程中，要投入大量的饲料和饵料来饲养水产品，但是投入的饲料不能被完全吞食和分解，就会出现残饵泛滥的现象，残饵中含有的有机物会使附近水体富营养化，同时也会造成一定范围内的缺氧环境；多余的有机物在一段时间内不断积累，达到一定浓度峰值时，会二次污染附近水域。

2. 鱼类排泄物污染

在进行网箱养殖的时候，往往网箱之间摆放过密，鱼类排泄物和残饵浓度过高，水体流动困难，这样就会引起局部海水富营养化，还有可能会造成水体中碳、氮、磷和悬浮颗粒物增加及水质恶化。

第四节　海水养殖尾水对环境的影响

近些年来海水养殖在我国迅速发展的同时，市场需求也随之扩大，由此引发的一系列海洋生态环境问题急需解决。由于水产养殖为高密度养殖，海水中的营养物质远远不能满足其生长所需，导致在水产养殖过程中必须投放饵料以确保养殖生物的营养需求。与此同时，在养殖大批量生物的时候，为了保证养殖尾水排出时符合排出标准，需要加入一些化学消毒剂来清洁养殖范围内的水体环境。如果不进行上述流程，那么排出的未经处理的养殖废水流入海域就会造成其水体富营养化，极易引发赤潮现象。目前，我国海水养殖尾水排放大多采用直排入海的方式。在传统海水池塘养殖模式中通常在池塘下游部位设立排水口，养殖尾水一般从排水口直接排放到附近水体，再经过水体的流动将被污染的尾水带入海洋中，基本没有相应的沉淀、过滤、净化处理。海水围塘直排口类型包括单塘直排和多塘联排两种形式。这种养殖尾水排放方式使得余出的饵料和排泄物进入水体，由此引发水质恶化、病害频发等弊端。

最近几年，我国加大对养殖尾水排放的管理，逐渐由直排入海变为尾水处理达标后再排放。养殖尾水经过沉淀—吸附过滤—曝气—生物综合治理的模式进行处理。对养殖结束排放的养殖污水，利用储水池塘进行收集，经沉淀、固液分离后，通过曝气、生物制剂净化、投放杂食性鱼类、滤食性贝类，最后经过人工湿地净化等方法对养殖尾水中污染物进行多级吸收处理，自行检测达标后再由环保局进行检测，符合相关规定后方可对外排放。上述的养殖尾水处理流程可以实现减少成本投入、缩小占地面积，可以从根本上治理养殖尾水排放的问题，并且可以在其他地区复制。

另外也有一些养殖企业将养殖区域设置成为独立水系，实现养殖尾水循环利用。储水池塘收集的养殖污水经过前期处理后，再过滤出水体中的有机物和杂质作为花圃和蔬菜的肥料，过滤以后的污水利用循环水道并通过滤食性鱼类和人工水草充分改良水质，降低氨氮有机物含量，实现循环利用。此类养殖方法的优点是使用循环水，并且是按时小规模补水的运行方式，真正做到了水资源的有效利用和污水零排放。

与传统池塘养殖模式相似，工厂化流水养殖模式的尾水也存在直排现象，养殖尾水被大量排出，对环境造成了一定程度的破坏，但绝大部分养殖企业都设有养殖尾水处理系统。因为养殖尾水的处理需要投入较多资金，所以即使养殖企业在力所能及的范围内逐步强化尾水处理，但实际效果依然有限。甚至有养殖企业和小型企业在尾水处理方面浑水摸鱼，没有做到污水零排放。

工厂化循环水养殖模式主要通过物理、化学、生物等手段和设备实现尾水的循环再利用，把养殖废水中的悬浮物、有害物质等转化为可循环利用的物质，使水质恢复到最初水平。其特点为资金投入较大、产出量较高、养殖周期较短、无尾水排放。将养殖池内的污水先用筛子过滤一遍，目的是将污水中的鱼类排泄物和多余饲料除去，为了使水中不再含有病菌，此时的污水需要被消毒。通过蛋白分离器之后，将养殖用水温度调到合适的范围内，达到循环使用的标准，就可以投入循环使用中去了。此种养殖模式将养殖尾水循环利用，几乎不产生需要排出的废水，只有少量的水在养殖过程中会损耗，只要按时补充就可以了。但循环水养殖的重要环节是养殖池内的排污排水系统，通过不断的设计优化，去除循环水中固体颗粒物，减少循环水养殖系统水处理单元的负荷，减少养殖生产对环境的污染。

随着我国不断加强对养殖尾水排放的严格控制，多地相继制定了地方海水养殖废水排放标准，如浙江省《水产养殖废水排放要求》（DB/T33453—2006）、《辽宁省养殖海水排放标准》（DB21/T 2328—2015）、海南省《海水养殖水排放要求》（SC/T 9103—2007）和江苏省《池塘养殖尾水排放标准》（DB32/ 4043—2021）。为了达到排放标准，养殖个人或养殖企业根据自身养殖模式和养殖规模不断摸索适宜自身实际生产情况的尾水处理方式，建立规模不等、模式不同的养殖尾水处理系统。养殖尾水的排放方式由直排入海变为处理达标后再排放。以实施地区养殖尾水排放标准较早的浙江省为例，养殖尾水处理达标排放已在广大养殖户和企业中得到了高度认可，大部分养殖企业均配备了一定规模的尾水处理系统，均已投入实际生产中，并且效果显著。但养殖尾水的处理在小养殖企业和养殖户中依然存在问题，没做到实际的投入处理，所以经常会有尾水不按规定排放的现象出现。

海水养殖排污口的设立多以养殖生产需要而定，目前主要管控的是大规模的排污口，此类排污口可能由一家或多家养殖企业排水汇合而成，易造成排放责任不清。除此之外，相关部门对小型排污口的管控不是很严格，但这些小型排污口对周边水域环境造成的影响不容忽视。由于大部分地区暂时没有相应的排放标准可循，尾水排放口并未受到严格监管。以2019年环渤海湾的排污口排查工作为例，对环渤海的四个城市的入海排污口进行了排查。调查结果显示，养殖场尾水排污口的数量远超出预期，且在实际排查中较难区分。然而，若要对海区水质进行监管，掌握排污口的数量以及明确排污口的污染物来源至关重要。

海水养殖尾水排放去向根据海水水域使用功能要求分成两级标准：重点保护水域与一般水域。其中，重点保护水域是指《海水水质标准》（GB 3097）中规定的一类、二类海域，执行海水养殖水排放一级标准；一般水域指《海水水质标准》（GB 3097）中规定的三、四类海域，执行海水养殖水排放二级标准。

若不经过处理直接排放海水养殖过程产生的养殖废水到近岸海域水体中，势必会对周围生态环境造成一定的影响，海水养殖尾水对环境的影响主要体现在：造成水体富营养化、抗生素污染以及破坏生态环境。

一、水体富营养化

人们生活水平稳步提升的同时，对海产品的需求量也在不断攀升，因此海水养殖产业就会逐渐扩大，其中因为养殖产生的鱼类排泄物和残饵进入水体所造成的部分海域富营养化和其他海洋污染的现象比比皆是。

当过度的海水养殖持续进行时，大量剩余的饵料会导致水体中的氮、磷元素含量增加和浮游生物生长过快，进而污染水体。其中氨、氮和亚硝酸盐等元素堆积可能会给水生物的生长发育过程带来负面影响。也就是说，这种被污染的水未经处理就被排出，就会给周边环境带来严重污染。

水体富营养化也会引起水中藻类和藻类毒素的剧烈增加，并且出现水中含氧量不足与厌氧细菌增多的现象。同时，养殖生物健康状况会被有机物的厌氧分解释放出的毒害物质影响。

随着我国海水养殖业的高速发展，密集池塘及工厂化的养殖模式缺少理论指导，因此会出现养殖尾水未经处理就随意排出的现象，造成附近海域的严重污染，影响生态环境。例如许多地区不停改建虾池从而造成区域性对虾养殖密度过大，养殖类型过于单一。对虾养殖的剩余有机物因不能被充分利用而转化为污染因素，对生态环境有一定程度上的损害。另外，因为对虾养殖密度过大，其排放的养殖尾水量过大，排放物会改变附近水体的理化性质，对附近海域的水体和水生物造成一定的污染。海水养殖的污染物的主要来源是养殖生物的排泄物和饵料、未经净化的育苗废水以及渔业用药等。海水的富营养化是海水养殖最需要注意的部分。海水养殖中需要投入大量的饵料，其中养殖的生物也需要排出排泄物，并且要对养殖生物用药。这些会使局部海域的氮、磷元素浓度升高，从而出现水体的富营养化现象。虽然海水养殖的污染程度在所有污染源中比重较小，但海水养殖一般在半封闭海域进行，因此海水养殖区域的水体与外部水体的交换频率低，这样会使得其自净能力下降。再加上沿岸农业以及工业的聚集地的影响，初始污染含量高，所以海水养殖可能造成水体富营养化频率较高，容易诱发赤潮现象。据统计，我国在治理赤潮灾害方面所付出的资金超过上百亿元。

二、抗生素污染

海水养殖中需要用到抗生素，但抗生素需要直接加在养殖水中，这就是抗生素污染产生的主要原因和来源。据报道，水产养殖总产量的90%属于亚洲，并且其中大部分是中国的。智利在养殖美洲鲑鱼的过程中使用多种抗生素，而过度使用抗生素会导致养殖的鱼类出现耐药细菌，其作用是将耐药性传播到野生鱼类种群和环境中。

一旦水体中氮和磷的含量超标，那么就会出现水体富营养化，从而使水生植物的繁殖速度提升，养殖生物的生存空间缩小的原因是各种水生植物的数量增加。另外氨氮会导致养殖生物中毒，影响其生长。慢性氨氮中毒会抑制养殖生物自身的氨排泄，使血液和组织中氨的浓度升高，降低血液载氧能力，导致食欲降低，生长缓慢，组织受损，影响鳃的通透性，养殖生物的患病率会增加。急性氨氮中毒轻则使养殖生物在水中不能保持平衡，严重会致其死亡。过度使用抗生素会导致养殖生物出现慢性中毒现象，长期投加还会使养殖生物体内的病原体对其产生耐药性。养殖生物长期食用含有抗生素的饵料，造成一部分抗生素无法从其体内分解排出，人类食用此类含有抗生素的海产品后，其中的抗生素会迁移到人体，使得病菌在人体内对药物的耐受性增加，导致免疫系统功能降低。

三、生态环境破坏

海滨湿地会被排入许多养殖尾水,湿地本身拥有自净的能力范围有限,若超出这个范围就会破坏它的生态平衡,引起其面积减小,比如说对红树林生态系统造成的破坏。红树林生态系统不仅起到保护海岸的作用,同时提供栖息场所供海洋生物栖息,它还是地球上重要的碳储存库,是沿海地区重要的生态系统。红树林土壤里二氧化碳的排出量升高是因为尾水的排放所导致的,当养殖尾水中含氮浓度过高时,会使红树林硝化与脱氮的力度增加,全球温室气体排放量的增加是因为一氧化二氮气体的排放。

除此之外,近年来因为海洋经济产品产量不断增加,养殖产业的面积迅速扩大的同时,随之带来的养殖尾水的排放对海水造成了一定的污染。海水的污染也源自一些沉积物,有些沉积物中包含了排泄物和饲料,这些会提高它的有机物浓度,改变沉积物的物理性质和化学性质,对生态过程产生一定负面作用,从而改变沉积物微生物群落的结构。养殖废水直排改变了养殖场河道沉积物的物理、化学性质和细菌群落结构,说明养殖废水的长期直排已严重污染河道及近岸海洋环境,并可能会进一步对近海生态环境造成威胁。

沉积物的微生物群落有变动是因为使用了抗生素,引起抗性病原体的广泛传播,有可能会产生兼备抗生素抗性的鱼类和人类病原体。经一系列研究得到结论,因为海水养殖,物种多样性在沉积物中明显减少,说明沉积物微生物生态系统平衡被破坏。

第二章

海水养殖尾水的性质与排放

我国是水产养殖大国，水产养殖总产量占世界养殖总产量的60%以上，为保障优质蛋白的供给作出了突出贡献。然而我国并不是水产养殖强国，仍以环境污染和消耗大量水资源为代价的粗放式养殖模式为主。随着我国经济和技术实力的增强以及全国人民对绿水青山的向往，党的十八大以来，以习近平总书记为核心的党中央将生态保护修复作为生态文明建设的重要内容，推进构建绿色健康可持续水产养殖模式，坚持养殖尾水处理后达标排放，实现水产养殖清洁生产与绿色发展已成为国家战略和民生向往。然而，水产养殖作为大农业的一部分，其尾水并不等同于工业或生活"污水"，本章将从尾水性质和污染指标、尾水出路和当前尾水排放标准、海水养殖清洁生产体系和绿色发展三方面进行介绍。

第一节 海水养殖尾水中的主要污染物

海水养殖尾水是一种典型的高盐废水，其主要特点包括：高盐度、高离子浓度（如高浓度的Na^+、Cl^-、Mg^{2+}、Ca^{2+}、SO_4^{2-}），其胁迫效应限制了传统水处理技术的应用，增加对其处理的难度；废水排放量大，污染物质主要在养殖过程中产生（内源污染物）；同传统陆源生活污水、工业废水相比，其有机物、可溶性营养盐等典型污染物质浓度低；碳氮比低，不利于后续养殖废水生物处理脱氮过程。

海水养殖废水中内源污染物主要来源于残余饵料、养殖生物代谢物、生产过程中的药物残留和病原体等；总污染物的85%以上来源于养殖本身，即残余饵料与养殖生物代谢物。尽管污染物的类型和浓度取决于养殖种类、养殖方法、饲料质量以及养殖过程中的清洁控制方式，但通常认为有机物、总悬浮颗粒物、氮、磷和海水中的盐是主要污染物。

一、有机物

养殖水体中有机物主要分为颗粒态有机物和溶解态有机物。其中溶解态有机物是指水体中能通过 $0.45\mu m$ 滤膜的有机物，例如养殖尾水中腐殖酸、氨基酸等；颗粒态有机物通常是呈悬浮固体分散于水体中的有机物质，无法通过 $0.45\mu m$ 滤膜。海水养殖过程中的残余饵料、养殖生物排泄物等分解产生的有机物存在于养殖水体中，尤其是在集约化海水养殖过程中，养殖密度的提高使得投饵量增加，使得养殖水体中的残余饵料与养殖生物代谢物急剧增多，进而增加水体中有机物含量。有机物的微生物分解需消耗大量氧气，而养殖水体中的溶解氧是养殖生物赖以生存的必备条件，因此过高浓度的有机物质极易恶化养殖水质，影响养殖生物生理机能，导致鱼类生长缓慢甚至出现死亡。同时，养殖水体中较高浓度的有机物可为大量病原体的滋生提供有利环境，若不加以控制，易导致养殖生物暴发疾病，滋生病原体，甚至导致养殖品种疾病暴发，严重损害养殖经济效益。

二、悬浮固体颗粒

悬浮固体颗粒（Suspended solid, SS）通常指粒径达 $45\mu m$ 以上不溶于水体的固体颗粒，也有学者认为应该为粒径大于 $1\mu m$ 的固体颗粒物，被认为是水产养殖废水的主要污染物之一。悬浮固体颗粒不仅对养殖鱼类的质量有影响，而且可能造成水体的富营养化，影响周边水域、海域环境。对养殖生物而言，当悬浮固体颗粒负荷超过关键的阈值水平时，会对鱼类组织造成直接的生理损害和间接影响，如增加浊度而降低能见度。当然，这些影响的严重性与悬浮固体颗粒的浓度、大小分布和化学成分以及与颗粒相关的微生物的组成和数量直接相关。例如，由于密度、硬度和锋利度较大，矿物来源的颗粒会造成比有机材料更大的物理损害。

水产养殖废水中固体悬浮颗粒的组成取决于许多因素，包括颗粒的来源（内源或外源）、养殖的种类以及饲料的类型和质量。颗粒的物理特性（如硬度和形状）与其来源密切相关。无机物构成的悬浮固体颗粒主要为外源污染，因此主要出现于开放式的养殖系统，如网箱养殖、流水养殖和半循环水养殖。如网箱养殖中出现的悬浮固体颗粒包括自然悬浮在养殖用水中的物质以及饲料残渣和粪便物质的混合物。在流水养殖中，入口处的固体悬浮颗粒负荷与水源的性质有内在联系，但随着系统中鱼类粪便颗粒的加入而逐渐转变；而循环水养殖系统中产生的悬浮固体颗粒较多，其浓度在很大程度上取决于水回收利用率、养殖密度、养殖种类、饲料质量和使用的悬浮固体颗粒去除装置的处理效率等因素。在水交换率较低的系统中（即每日水交换率低于10%），几乎所有固体悬浮颗粒都来自养殖生物所排泄的粪便、残饵和微生物，其中粪便对总负荷的贡献最大。固体悬浮颗粒的问题在水产养殖中日益受到关注，随着集约化的养殖和对养殖用水日益严格的要求，也推动了新的全封闭循环水产养殖系统（Recirculating Aquaculture System，RAS）的发展。RAS中，养殖密度（产量）和养殖系统内每单位体积水的粪便排泄量的增加，会直接导致固体颗粒物浓度升高。对于RAS系统的管理，如饲料质量和养殖用水处理等方面的管理，对于控制系统内TSS的浓度至关重要。

在海水养殖尾水中，内源悬浮固体颗粒（养殖生物的残饵、粪便等）为主要污染来源。海水养殖废水中固体悬浮颗粒的形成主要取决于鱼类排泄物，而这又与养殖生物对所提供的饲料的消化率直接相关。粪便的干物质值通常用于评估粪便形成的悬浮固体颗粒物，同饲料类似，其主要干物质成分可以粗略地归纳为蛋白质、脂肪、碳水化合物、纤维以及矿物质。粪便的另一部分包括黏液、从肠壁上磨掉的细胞物质和从肠道菌群中排出的生物体，但这只占总干物质的很小一部分。喂养商业饲料的养殖鱼类的固体排泄物主要包括来自植物成分中未被消化的有机物质（淀粉和纤维），而来自鱼类骨骼的矿物成分所占比例较小。养殖生物的粪便在系统中的停留时间取决于粪便的物理和机械特性，如颗粒大小、密度、剪切强度、系统内湍流模式和释放深度。不同养殖系统特定的水流状态会改变粪便的沉降、破碎和聚集等过程，并对形成的固体悬浮颗粒的特性产生影响。

养殖尾水中，在未做充分源水处理的养殖模式下，外源形成的固体悬浮颗粒物同样不可忽略。在海洋中，悬浮颗粒的浓度主要受水流速度的影响，而地理环境、季节、气候和人为影响等因素也起着一定的作用。海水养殖尾水中外源悬浮固体颗粒的特征主要取决于养殖用水的来源及源水处理所采用的设施方法，与养殖过程中产生的内源悬浮固体存在一定差异。悬浮在海水中的物质包括物理化学作用（如黏土矿物、石英、长石）或生物作用（如方解石、文石、蛋白石）形成的矿物和生物矿物颗粒，以及广泛存在的活体和死体有机物。前者包括粪便及粪便的碎片、碎屑和微生物活动的分解产物；后者包括微生物、植物和浮游动物。养殖尾水中的物质的组成非常相似，但在典型的鲑鱼养殖水体中悬浮的颗粒物在浓度上表现出更大的波动，并且以来自渠道岸边侵蚀的无机矿物颗粒为主。

一般来说，很少有固体在水体中保持永久悬浮状态。大多数颗粒的密度大于水，因此会持续下沉，受到各种形式的湍流的影响后会重新悬浮。在非湍流条件下，颗粒的沉降特性由密度和尺寸之间的指数关系决定，因此这种关系也是沉降动力学和固体清除过程中的一个关键因素。

三、可溶性无机营养盐

可溶性无机营养盐主要由氮、磷等营养元素构成。其中，水产养殖废水中含氮营养盐以氨氮（total ammonia nitrogen, TAN）、亚硝酸盐氮、硝酸盐氮形式存在；含磷营养盐以活性磷酸盐为主。所排放含氮营养盐的浓度主要与养殖生物饲料中蛋白质含量以及饲料转化率有关，即饲料的质量与种类以及投喂策略、养殖方式等因素均会对含氮磷营养盐的排放产生影响。例如，从半密集型海水养殖系统中，每收获1t对虾将产生56～117kg氮，并排入养殖废水中。在大多数远洋鱼类中，含氮营养盐主要以氨的形式排泄出鱼类体外，占总排泄氮量的80%；而在青虾中，氨氮占总氮排泄量的62%～84%。由此可见，水产养殖废水中的可溶性含氮磷营养盐的主要来源是养殖生物体排泄的氨、磷。同时，不应忽略从投喂的养殖饲料及养殖生物粪便中浸出的可溶性含氮营养盐。

海水养殖过程中，养殖生物的残饵、粪便中营养物质的浸出同样会增加可溶性营养盐浓度。在海水流水养殖系统中，养殖生物粪便中浸出的营养物质会使接受废水的水体富营养化，限制海水养殖的可持续发展。养殖生物粪便中的主要成分与饲料类似，但营养物质的比例不同，能量密度也低得多。粪便中的主要营养物质是氮、磷和碳，养殖生物体内不能保留的营养物质部分通过粪便排出，称为不可消化的部分。粪便中营养物质的排泄量主要由食物成分的数量和质量决定。对于氮来说，蛋白质的消化率和氨基酸平衡特别重要；而不同形态的磷，其消化率差异很大，对粪便的成分及其在养殖水体中的浸出有不同影响。例如，植物性原料（如油菜籽）中与植酸结合的P不能被鲑鱼利用，因为它们缺乏合成植酸酶的能力；植酸磷的消化率可以通过用植酸酶对原料进行预处理或在鱼类饲料中添加植酸酶补充剂来提高。一般来说，固体结合的P占总P的比例高于固体结合的N占总N的比例，因为氨基酸的分解作用使70%～90%的含氮废物释放，即主要通过鳃部以氨氮和尿素氮的形式释放。然而，就绝对值而言，固体颗粒物中氮含量总是更高。通过固体排泄的磷占总摄入量的百分比约为30%～50%，而作为固体废物排泄的氮的比例在6%～8%。

在循环水养殖系统中，残饵、粪便等浸出的营养物质可以为异养微生物的滋生创造条件，从而增加养殖系统的细菌负荷。浸出是由两个过程驱动的：化学溶解和微生物释放。颗粒物质的浸出速度在很大程度上取决于比表面积，即取决于固体颗粒的大小，如虹鳟鱼粪便中较大的颗粒表现出的磷和氮的滞留潜力明显大于较小颗粒物。影响浸出的另一个重要因素是湍流：当残饵、粪便暴露在湍流中，可能导致营养物质更快、更密集地从颗粒物质中被冲出。

水产养殖系统中积累的含氮化合物对养殖生物有致命的影响，尤其在高密度、集约化的养殖过程中更需格外注意。随着海水养殖的发展，氨和亚硝酸盐通常在育苗和养殖系统中成倍增加，即使增加换水频率同样难以缓解。不同含氮化合物对于养殖生物而言，氨比亚硝酸盐毒性更高，而亚硝酸盐又比硝酸盐毒性更高。通常认为，淡水物种（如鲑鱼）对亚硝酸盐的敏感程度比海水鱼种更高。相对于开放式养殖系统，若要在封闭式海水养殖系统中成功实现养殖生产，控制有害含氮化合物的累积，使其低于对海水养殖物种的有毒水平仍是一个需要解决的主要问题。

氨氮，作为水产养殖废水中最常见的污染物，主要来源于养殖生物代谢与残余饲料分解。总氨氮在水体中主要以非离子氨（NH_3）和离子氨（NH_4^+-N）两种形式存在，其存在形式受水体pH、温度、盐度等因素影响，通常pH小于7时，水体中氨氮以离子氨为主，pH大于11时，以非离子氨为主。非离子氨的浓度即使低至0.01mg/L，也会使幼虾产生病理变化、生长速度降低，甚至死亡。养殖水体中过高的氨氮浓度会直接对养殖生物产生危害，如通过影响鱼类和贝类的蜕皮、生长、耗氧量和ATP酶活动，干扰虾和鱼孵化场的稳定性；导致养殖鱼类血液中pH升高，从而抑制酶活性，降低养殖生物携氧能力，抑制养殖生物生长，甚至出现死亡；并且，高浓度氨氮会造成养殖生物体内渗透压调节紊乱，导致氨在养殖生物血液中的沉积，从而导致养殖品种的生理压力，致使养殖生物生长缓慢。

亚硝酸盐，作为氨氮转化为硝酸盐过程中的中间产物，会将养殖生物血液中的低铁血红蛋白氧化成高铁血红蛋白，使其丧失运输氧气的能力，导致养殖生物血液中自由基增多，生理紊乱，进而对其组织细胞造成损伤。有研究发现，当养殖水体中亚硝酸盐氮浓度大于1.43mg/L时，澳洲银鲈（*Bidyanusbidyanus*）的生长被显著抑制；研究人员使用斑点叉尾鮰（*Ietaluruspunetaus*）开展实验，发现当亚硝酸盐氮浓度大于1.62mg/L时会抑制其生长。据报道，鲤在高浓度的亚硝酸盐胁迫下，其肝脏、腮等会呈现明显的组织病理学变化。一般来说，当淡水养殖水体中亚硝酸盐氮浓度达到0.1mg/L时，便会对养殖生物产生危害。亚硝酸盐在水溶液中也有两种状态：非离子化的亚硝酸（HNO_2）和离子化的亚硝酸（NO_2）。与氨的情况一样，非离子形式的亚硝酸盐可以自由地在鳃膜上扩散，但离子形式的亚硝酸盐则占总亚硝酸盐的99%。Gross等人建议，在低盐度咸水的水产养殖系统、养殖场中，亚硝酸盐浓度应低于0.5mg/L。

当水交换减少和水力滞留增加时，硝酸盐也会在海水养殖系统中大量累积，这是生物硝化作用的结果。硝酸盐对养殖生物毒性相对于氨氮和亚硝酸盐氮较小。John等人指出，在大西洋鲑（*Salmo salar*）淡水循环水养殖系统中，当硝酸盐氮浓度低于100mg/L，养殖生物的生长指标及生理机能不会受到影响。然而，在循环水养殖过程中，随着生物滤器的长期运行，会出现硝酸盐氮累积现象，养殖系统中硝酸盐浓度达到100～1000mg/L的现象并不罕见，这也使得对海水养殖系统中硝酸盐的管理变得非常重要。长期高浓度的硝酸盐氮胁迫同样会对养殖生物产生不利影响。例如，Chris等人在长期大菱鲆幼鱼（*Psetta maxima*）循环水养殖过程中，高浓度硝酸盐（即250mg/L和500mg/L）会显著降低大菱鲆对饲料的吸收，抑制大菱鲆生长。上述信息意味着，即使硝酸盐的毒性比氨和亚硝酸盐小，也必须采取有效的控制策略，以完全消除含氮化合物的不利影响，实现稳定、可持续的海水养殖生产。

关于磷酸盐对水产养殖生物的直接危害目前暂无报道。然而养殖排放水中高浓度的氮、磷营养盐及有机物质会恶化近岸水体环境，破坏近岸区域生态平衡，严重的甚至引发赤潮，严重影响海洋生态环境。

四、养殖用药

海水养殖过程中，为了治疗养殖生物或预防疾病的发生、提高养殖产量，会向养殖环境中人为投加部分药物或化学试剂等，其中未被鱼类代谢的部分便成为养殖废水中的组成部分。如集约化养殖过程，在实现高密度养殖的同时，更可能出现水质的恶化，继而导致某些有害细菌的滋生，迫使养殖户投加消毒剂、抗生素等药物以维持养殖生产。目前经常使用的渔药以抗生素为主，大多在自然条件下难以降解。含有消毒剂、抗生素等物质的养殖废水不经处理任意排放，会直接破坏养殖场周边环境，影响微生物生态分布，制约海水养殖的可持续发展；抗生素等排入周边生态环境，还会筛选耐药基因并通过食物链传播，影响人类健康。

五、重金属

在天然海水中，微量的溶解态金属元素是天然存在的，也是养殖生物生命活动及新陈代谢所必需的。但对于陆基养殖模式来说，部分厂区的养殖用水为沿海地下水或盐水，其水体内矿物质含量如铁、锰等含量较高，超出养殖生物自身营养所需。同时，部分渔用药物含有铜、锌离子，以杀灭养殖生物体表及水体中病毒、有害微生物，在使用时无法降解的重金属会随着养殖尾水排入外界水环境。过剩的重金属元素则会在养殖环境或周边水域中大量累积，造成污染及危害。一定浓度的锰离子、铜离子、锌离子、镁离子会造成养殖鱼类呼吸困难、运动缓慢、免疫系统受损等，较高浓度的铜离子可抑制虹鳟脾脏抗体分泌细胞的活性，而极微量的汞离子会对生物产生毒性作用。

第二节　海水养殖尾水排放的规定与标准

一、海水养殖尾水的排放

（一）海水养殖尾水污染物特点与危害

海水养殖污染是指人类在利用海水进行水生生物养殖的过程中，通过各种行为将物质和能量带入海水系统，阻碍水产养殖生产活动，造成渔业水域使用条件、渔业资源和海洋生态环境等被破坏。

海水养殖尾水的特点是含高氨氮、低有机碳，基本上属于有机污染范畴，主要污染物有氨氮、亚硝酸盐、有机物、磷等。这些污染物来自于投放的饵料、各种药物、微生物代谢以及鱼类本身的排泄物。通常把海水养殖尾水中的氮磷营养盐、有机物、悬浮固体和病原体作为尾水处理的重点，其中氮、磷是养殖尾水排放的主要污染成分。根据我国第一次污染源普查结果，海水网箱养殖的化学需氧量、总氮、总磷的系数分别是72.343～153.341g/kg、32.436～91.683g/kg、5.874～20.521g/kg。根据不同养殖对象和养殖类型的产排污系数，我国首次全面估算了水产养殖产排污总量。估算结果表明，我国沿海水产养殖向近海排放的TN、TP、COD、Cu和Zn总量分别为17414吨、3146吨、55503吨、53吨和242吨。在海水各类型养殖中，水产养殖产生和排放的化学需氧量、总氮、总磷、铜和锌分别占农业污染源的4.20%、3.04%、5.48%、2.24%和2.17%，海水养殖总氮、总磷产出量分别约占江河总氮、总磷排海量的10.0%和36.1%。《第二次全国污染源普查公告》显示，全国涉及水产养殖业的区县有2843个，水产养殖业排放的COD、TAN、TN和TP分别为66.6万吨、2.23万吨、9.91万吨和1.61万吨，与整个工业源排放量相近。

《地方水产养殖业污染控制标准制定技术导则》中规定，将悬浮物、pH、化学需氧量、总磷、总氮列入地方水产养殖业水污染物排放控制标准的尾水排放管控基本项目。除此之外，将BOD、氨氮、有毒有害水污染物、色、臭、味等感官指标或污染项目作为选择项目。

海水养殖水中悬浮物浓度过高，会使鱼类鱼鳃腺积累泥沙等悬浮物杂质，会严重影响鳃部的生理功能，甚至导致养殖鱼类死亡。悬浮物也可以为病毒提供生存的空间，对海水养殖鱼类有害的病毒附着在悬浮物上，被鱼类摄食进入鱼类体内，造成鱼类死亡。

海水养殖尾水过酸或过碱排放都会对海洋生态系统造成严重影响。养殖尾水的pH的高低会引起水体中化学物质的含量的变化，严重时甚至会导致化学物质变成有毒物质，不利于浮游生物的繁殖以及鱼类的生长，更会对光合作用造成抑制作用，影响水体中的溶解氧含量，不利于水生生物的呼吸作用。

化学需氧量越高，说明水体中还原性有机污染物的含量越多，如果不进行处理，这些有机污染物在水体中会沉积到水体底部，对水生生物造成毒害作用，水生生物大量死亡后，部分海域的生态系统会被摧毁。

氮、磷等营养元素的超标排放会造成水体的富营养化，甚至引起赤潮（图2-1）的发生。大量的藻类聚集在鱼类的鳃部、鱼类吞食大量的有毒藻类等都可使鱼类死亡，且水华藻类在死亡后的分解过程中也会消耗水中的溶解氧，严重破坏海洋生态系统。

图2-1　赤潮

由于以上所述海水养殖尾水污染物的基本特征与潜在危害，海水养殖尾水的排放已经成为关注的焦点。传统的水产养殖尾水处理方式是将尾水排放后注入新鲜水体，这会造成水体污染和影响水产经济生物生长繁殖的双重效应。海水养殖尾水的直接排放则会导致水体富营养化严重、近岸生态平衡被破坏和养殖水体自身的污染等现象。海水养殖尾水的排放或处理处置已经越来越受到关注。

一般来说，养殖尾水在排放入海前应通过机械过滤设备或池塘沉淀的方式，去除大部分有机悬浮物、降低COD，可以通过大面积养殖池塘生态净化（采用滤食性贝类、藻类等）去除部分氮磷等。目前关于尾水排放的主要问题有部分近海海区水质较差，氮磷污染物浓度本底值较高等。

（二）海水养殖尾水的直接排放

近年来，我国海水养殖尾水排放大多依旧采用直排入海的方式。传统海水池塘养殖模式下，通常在池塘下游部位设立排水口，尾水通过管道、涵洞、沟渠等直接排放污染物的排口排放，或通过河流、溪流等间接向海洋排放污染物的排口排放，基本没有相应的沉淀、过滤、净化处理。海水围塘直排口类型包括单塘直排和多塘联排两种形式。养殖尾水直接排放方式将大量的粪便和残饵直接排入海水中，导致水质条件恶化严重，也使得水生生物的病害频发。

与传统池塘养殖模式相似，工厂化流水养殖模式的尾水也部分存在直排现象，虽然绝大部分养殖企业都设有养殖尾水处理系统，但大片的养殖车间排放出的养殖尾水已经严重超出了环境的承载能力和自净能力。虽然水产养殖企业对于养殖尾水处理的认识逐渐提高，但由于进行水产养殖尾水处理系统建设所需要的投资成本较高，多数企业仅仅对尾水处理系统进行简单的设计处理，相应配套设施落后或不完善。有些企业甚至只规划养殖尾水处理建设用地，没有进行实质性的建设。此外，一些小企业或个体农户尚未规划用于养殖尾水处理系统的土地。

（三）海水养殖尾水的达标排放

随着我国加强对养殖尾水排放的管理，养殖尾水的排放方式逐渐由直排入海变为尾水经处理达标后再排放或回用。《海水养殖水排放要求》（SC/T 9103—2007）中明确规定，海水养殖尾水排放要求，可依据排放海区的海域使用功能和海水养殖水的特性分为重点保护水域与一般水域。其中，重点保护水域是指《海水水质标准》（GB 3097）中规定的一类、二类海域，执行海水养殖水排放一级标准；一般水域指《海水水质标准》（GB 3097）中规定的三、四类海域，执行海水养殖水排放二级标准。具体排放指标见表2-1。

表2-1 《海水养殖水排放要求》（SC/T 9103—2007）

序号	项目	一级标准	二级标准
1	悬浮物质/（mg/L）	≤40	≤100
2	pH	7.0～8.5，同时不超出该水域正常变动范围的0.5单位	6.5～9.0
3	化学需氧量（COD$_{Mn}$）/（mg/L）	≤10	≤20
4	生化需氧量（BOD$_5$）/（mg/L）	≤6	≤10
5	锌/（mg/L）	≤0.20	≤0.50
6	铜/（mg/L）	≤0.10	≤0.20
7	无机氮（以N计）/（mg/L）	≤0.50	≤1.00
8	活性磷酸盐（以P计）/（mg/L）	≤0.05	≤0.10
9	硫化物（以S计）/（mg/L）	≤0.20	≤0.80
10	总余氯/（mg/L）	≤0.10	≤0.20

注：各项标准值系指单项测定的最高允许值。

表2-2对国家和地方水产养殖污染控制相关标准进行了对比，从标准的性质来看，除湖南省《水产养殖尾水污染物排放标准》（DB 43/1752—2020）属于强制性标准外，其他排放控制相关标准目前均为推荐性标准。从污染控制的项目来看，国家和地方有一定差别，无论是淡水还是海水，均为10项指标，而湖南省仅控制5项指标。淡水和海水养殖尾水的控制项目有差别，淡水养殖控制总氮、总磷，海水养殖则控制无机氮和活性磷酸盐。从标准的分级来看，相关标准均按照受纳水体的环境功能规定分级的排放限值，排入重点水域执行相对较严格的浓度限值，排入一般水体执行相对宽松的浓度限值，重点水域和一般水域的划分方式见表2-3。

我国《海水养殖水排放要求》（SC/T 9103—2007）发布于2007年6月14日，实施于2007年9月1日，其规定的排放限值均比地方标准宽松，且地方标准发布实施时间较短，其限值相对于国家标准跨度大，凸显了制定新型国家标准的必要性，目前国家及各个地方养殖尾水排放标准正在制定中。

表2-2 国家或地方水产养殖污染控制相关标准中污染控制项目与限值情况

序号	标准名称	标准编号	标准发布方	适用范围	分级	悬浮物/(mg/L)	pH	COD/(mg/L)	BOD/(mg/L)	锌/(mg/L)	铜/(mg/L)	总磷/(mg/L)	活性磷酸盐/(mg/L)	总氮/(mg/L)	无机氮/(mg/L)	硫化物/(mg/L)	总余氯/(mg/L)
1	淡水池塘养殖水排放要求	SC/T 9101—2007	原农业部	淡水池塘养殖	一级	50	6~9	15	10	0.5	0.1	0.5		3.0		0.2	0.1
					二级	100	6~9	25	15	1.0	0.2	1.0		5.0		0.5	0.2
2	海水养殖水排放要求	SC/T 9103—2007	原农业部	海水养殖	一级	40	7.0~8.5	10	6	0.2	0.1		0.05		0.5	0.2	0.1
					二级	100	6.5~9.0	20	10	0.5	0.2		0.10		1.0	0.8	0.2
3	水产养殖尾水排放要求	DB46/T 475—2019	海南	淡水封闭水产养殖	一级	45	6~9	15	10	0.5	0.1	0.5		3.0		0.2	0.1
					二级	90	6~9	25	15	1.0	0.2	1.0		5.0		0.5	0.2
				海水封闭水产养殖	一级	35	7.0~8.5	10	6	0.2	0.1		0.05		0.5	0.2	0.1
					二级	90	6.5~9.0	20	10	0.5	0.2		0.10		1.0	0.8	0.2
4	海水养殖尾水控制标准	DB21/T 3382—2021	辽宁	海水封闭水产养殖	一级	20	±0.4	(COD$_{Mn}$)8				0.2		0.15	0.5		
					二级	50	±0.8	(COD$_{Mn}$)16				0.5		3.00	1.0		
5	水产养殖尾水污染物排放标准	DB43/1752—2020	湖南	淡水封闭养殖	一级	45	6~9	(COD$_{Mn}$)15				0.4		2.5			
					二级	90	6~9	(COD$_{Mn}$)25				0.8		5.0			

表2-3　国家或地方水产养殖污染控制相关标准中受纳水体的划分方式

标准名称	标准编号	发布方	一级限值	二级限值	其他
淡水池塘养殖水排放标准	SC/T 9101—2007	农业农村部	特别保护水域：GB 3838—2002中Ⅰ类水域 重点保护水域：GB 3838—2002中Ⅱ类水域	一般水域：GB 3838—2002中Ⅲ、Ⅳ、Ⅴ类水域	
海水养殖水排放标准	SC/T 9103—2007	农业农村部	重点保护水域：GB 3097—1997中一类、二类海域	一般水域：GB 3097—1997中三类、四类海域	
水产养殖尾水排放要求	DB46/T 475—2019	海南	淡水：GB 3838—2002中Ⅱ类水域（非水源保护区）	淡水：GB 3838—2002中Ⅲ、Ⅳ、Ⅴ类水域	
			海水：GB 3097—1997中一类、二类海域	海水：GB 3097—1997中三类、四类海域	
海水养殖尾水控制标准	DB21/T 3382—2021	辽宁	辽宁省海洋功能区划中不低于二类海水水质标准的管控区域	辽宁省海洋功能区划中不低于三类海水水质标准的管控区域	排入其他海域，符合待排入水域的质量要求
水产养殖尾水污染物排放标准	DB43/1752—2020	湖南	重点保护水域：GB 3838地表水Ⅲ类功能水域（划定的饮用水水源保护区除外）	一般水域：GB 3838地表水Ⅳ、Ⅴ类功能水域和其他未明确环境功能的水域	特殊保护水域：法律法规禁止设置排污口的水域，该水域不得设置养殖尾水排放口

与严格的海水养殖尾水排放标准相对应的是尾水处理技术，目前养殖尾水通常经过沉淀—吸附过滤—曝气—生物综合治理的模式进行处理。养殖结束排放的养殖污水，利用储水池塘进行收集，经沉淀、固液分离后，通过曝气、生物制剂净化、投放杂食性鱼类、滤食性贝类等处理后，最后经过人工湿地净化等方法对养殖尾水中污染物进行多级吸收处理，自行检测达标后再由环保局进行检测，符合相关规定后对外排放。这种尾水处理模式的特点是投资小，占地面积也较小，其他地区可以直接进行复制。此外，为满足尾水排放标准，养殖个人或养殖企业可以根据自身养殖模式和养殖规模不断摸索适合自身实际生产情况的尾水处理方式，建立规模不等、模式不同的养殖尾水处理系统，以实现稳定达标排放。

海水养殖尾水排放去向根据海水水域使用功能要求可分成一级、二级标准。一级养殖尾水排放的去向是指国家《海水水质标准》（GB3097—1997）中二类水域（一类水域是不允许接受任何排放水的，除非排放水经过处理达到海水水质一类标准），如水产增养殖区（贝类增养殖、网箱养殖），人体直接接触海水的海上运动区（海水浴场等），人类食用直接有关的工业用水区域和农业农村部《养殖水域滩涂规划》划定的限制养殖区。一级养殖尾水的标准略宽于渔业水质标准和海水水质标准的二类标准，这样的养殖尾水经过海水自然扩散、稀释、潮汐的作用后，可以达到《海水水质标准》（GB3097—1997）二类标准和渔业水质标准。

二级海水养殖尾水的排放去向是一般水域，指国家《海水水质标准》（GB3097—1997）中三、四类水域，如一般工业用水区，滨海风景旅游区，海洋港口水域，海洋开放作业区，海水河道等非渔业水域和农业农村部《养殖水域滩涂规划》划定的养殖区域。二级海水养殖尾水标准部分指标宽于海水水质标准的四类标准，因为这些指标可以通过自然降解和稀释而达到排放水域的指标要求。

也有一些养殖企业将养殖区域设置成为独立水系，实现养殖尾水循环利用。储水池塘收集的养殖污水经过前期处理后，再过滤出水体中的有机物和杂质作为花圃和蔬菜的肥料，过滤以后的污水利用循环水道，通过滤食性鱼类和人工水草充分改良水质，降低氨氮有机物含量，实现循环利用。此类养殖尾水处理方式最大的优势是整个基地的水系统都可以循环使用，通过定期进行小规模的补水的方式，对于养殖尾水的处理可以做到污水零排放。

二、海水养殖尾水的资源化再生利用

（一）海水养殖基本模式及其尾水的危害

1. 海水养殖模式

目前我国海水养殖的主要模式有陆基工厂化养殖、海上网箱养殖和岸带池塘养殖等。

（1）陆基工厂化养殖模式　陆基工厂化养殖是指通过建设厂房设施以及配备相应的机械设备为养殖鱼类营造适宜的生长环境，从而进行高密度、集约化生产。工厂化养殖根据水体更新率可分为开放式流水养殖、半循环水养殖和循环水养殖。

随着技术的进步，工厂化循环水养殖已成为主流。工厂化循环水养殖系统（图2-2）是将养殖过程中产生的养殖废水通过系统内部各个水处理单元净化处理后再次循环利用的一种养殖模式，其水体回用率高达96%以上，极大地节省了水资源。工厂化循环水养殖的主要污染物为悬浮物、COD和氨氮等，残饵、粪便是工厂化循环水主要污染物来源，会造成水体外观恶化、浑浊度升高、水体颜色的改变。残饵可以通过精确投喂系统减少，而粪便必须经过机械过滤排出系统。碳、氮、磷是工厂化循环水中的主要溶解态污染物，能直接引起受纳水体藻类和其他浮游生物迅速繁殖，导致水体溶解氧含量下降、水质恶化、鱼类及其他生物大量死亡，这些营养物质可通过生化工艺去除。数据表明，如果尾水未经处理直接排放，悬浮物、COD可以超过100mg/L，氨氮可以达到3mg/L。工厂化循环水由于内部配置水处理系统，尾水中悬浮物、COD可以降至20mg/L和10mg/L以下，但是无机氮（主要为硝酸盐）可高达100mg/L，活性磷酸盐可高达5mg/L。

工厂化循环水处理系统水处理单元可分为固体颗粒分离、生物净化、消毒杀菌、泡沫分离以及增氧和温控六个部分。其尾水中各项营养盐浓度高、总水量少，养殖尾水可通过物理过滤、反硝化等过程高效去除水中的悬浮物、总氮等。因其尾水特性，循环水养殖模式也是最为可控且能最大化去除尾水中悬浮物、总氮和总磷，对环境影响最小的养殖模式。但尾水处理系统的投资较其他模式要高。

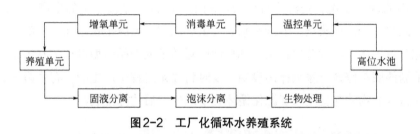

图2-2　工厂化循环水养殖系统

（2）海上网箱养殖模式（图2-3）　海上网箱是指用人工特质的网箱，采用严格的人工控制手段，利用自然水体资源进行鱼类养殖。海上网箱养殖是中国发展较早的海水鱼养殖模式，可分为近岸浮式网箱养殖和深水网箱养殖。由于网箱内养殖用水与周围水环境可随时交换，养殖产生的废水会直接排放至海洋，对局部海域造成环境污染。目前北方网箱养殖通过物理、化学、生物方法对养殖水进行净化处理，有效地控制和减少了养殖水体中可溶性有害物质，减小了对环境的污染范围，降低了污染程度，是重要的点源污染尾水处理。

图2-3　海上网箱养殖模式

网箱养殖尾水排放对环境的影响主要表现在由于未摄食饵料以及排泄物的双重作用，有机物在水底产生和积累，即残饵、粪便及其分解物会积累于底部。一方面，鱼类的过量投喂及其代谢物，在没有足够水体交换情况下，容易导致养殖水域底层有机氮磷、有机硫化物含量升高，并进一步积累。另一方面，沉积的有机质、氮、磷等可能会通过物理、化学和生物作用释放，造成二次污染。

（3）岸带池塘养殖模式（图2-4） 岸带池塘养殖作为我国最早出现的海洋鱼类养殖模式，可分为单种和多营养生态养殖模式。其管理较简单，但占用土地资源较大，而且对环境的污染也较为严重。

池塘养殖废水中含有残饵粪便等污染物，会导致氮磷等营养元素在尾水中积累。目前，部分区域通过生物资源化复合单元中的藻、菜环节构建尾水处理工艺，将废水中的营养盐作为资源进行回收、利用，既促进了藻、菜的生产，也净化了水体。同时，为确保天气、温度和水力冲击等原因，系统中也添加了一部分生物填料，充分发挥微生物的分解作用。部分地区对传统的养殖池塘进行了升级改造，在养殖池塘的底部修建一系列排污设施，及时将养殖过程中产生的含有残饵和粪便等有机颗粒废弃物的养殖尾水资源化循环利用或处理后达标排放。

图2-4　岸带池塘养殖模式

2. 海水养殖尾水对水环境及水生生物的影响

海水养殖过程中需要人工为水生生物投喂饵料，但是投放的饵料并不能全部被水生生物利用，造成了饵料的残留。另一方面集约化养殖的水生生物养殖密度较高，导致水体中存在大量的水生生物的分泌物和排泄物，排泄物中的分子氨会造成养殖产品的质量下降，严重时会出现养殖产品亚硝酸盐中毒的现象。

海水养殖尾水对水生生物的最明显的影响在于有机物的积累以及使得水体底质向缺氧状态的转变，经过一定时期形成由下层逐渐向上层发展的趋势。由于水体下层氧气浓度较低，沉积的底质在厌氧条件下分解产生还原物质，不断向水体中释放氮磷等物质，造成水体富营养化，使得水生生物难以生存。

药物在杀灭病虫害的同时，也使水中浮游生物等有益生物受到抑制，造成微生态失衡。为预防鱼类疾病而施加在饵料或水体中的部分药剂会在该区域的水生生物体内积累下来，通过食物链放大作用导致食用这些水产品的人类慢性中毒，对人体造成危害。

（二）海水养殖尾水的回用

海水养殖尾水回用是指将海水养殖尾水经二级处理或深度处理后回用于养殖系统、景观环境或资源回用等。水产养殖尾水处理是解决水产行业发展与生态和环境矛盾的重要要素之一，尾水的妥善处理与回用可推动水产养殖行业由传统粗放向规范化、集约化发展。海水养殖尾水回用既可以有效地利用养殖海水资源，又可以减少养殖尾水的排放量，减轻水环境的污染，具有明显的社会效益、环境效益和经济效益。

海水养殖尾水的再生利用模式较少，目前可见的模式有基于工厂化循环水养殖的系统内回用、生态综合处理回用等。相对于淡水养殖尾水的资源化利用，由于含盐"污水"水处理工艺尚未成熟、尾水差异大等原因，海水养殖尾水的资源化利用鲜有统一的推荐处理模式。

1. 基于工厂化循环水养殖的系统内回用（半封闭或全封闭式工厂化循环水养殖）

尾水回用模式是将养殖过程中产生的养殖废水通过系统内部各个水处理单元净化处理后再次循环利用的一种养殖尾水回用模式，其水体回用率高达96%以上，极大地节省了水资源。所需的仪器设备包括过滤器、杀菌消毒设备、充气增氧设备、监控报警系统以及水泵、应急设备等。其关键技术是水质净化技术，核心是快速去除水溶性有害物质和增氧技术。这种模式虽然前期投入较高，但能极大地减少水资源消耗、节约场地，如表2-4所示，且不受地域与环境的影响。

表2-4　循环水养殖系统（RAS）和传统养殖用水量和土地量比较

系统类型/养殖品种	养殖密度/ [kg/（hm²·年）]	用水量/（L/kg）	传统养殖和RAS的比例	
			土地	水
RAS/尼罗罗非鱼	1340000	100	1	1
池塘/尼罗罗非鱼	17400	21000	77	210
池塘/鲶鱼	3000	3000～5000	448	400
流水系统/虹鳟	150000	210000	9	2100
池塘/虾（台湾）	4200～11000	11000～21340	177	160

2. 生态综合处理回用

生态综合处理回用模式是综合利用物理处理、化学处理技术，利用特定生物（微生物、水生植物和水生动物）的生物特性净化海水养殖尾水，在进行尾水生态处理的同时化"污水"为"水资源"，同时实现污染物去除与生物产品生产。以水生生物为核心，结合机械过滤等方法建设包括人工湿地、生态浮岛和生态沟渠等多层次的生态处理模式。生态综合处理模式在建成后由于养殖的生物几乎不受外界海水水质变换的影响，其养殖病害明显减少，产量有所提高。

南方区域尾水生态处理常构建初沉池-生态池塘/人工湿地海水养殖尾水处理模式，通过初沉淀将悬浮物等沉降下来，降低系统的悬浮物，再结合滤食性贝类、鱼类、藻类，构建多营养级池塘。浙江海洋水产养殖研究所在海水养殖基地内建立红树林人工湿地，通过水渠、水泵等设施将海水养殖池、贝类养殖塘构建成为有机整体，去除养殖尾水中的氮磷，实现海水养殖尾水的资源化再利用。

3. 生态环境利用

生态环境利用是指海水养殖尾水经处理后达到国家规定的再生利用水质标准，成为观赏性景观环境用水，创造出一定的生态价值与社会价值。

4. 盐碱作物灌溉

海水种植业是指以盐生植物或海生植物为生产对象，以土地和海水为载体进行生产的新兴农业领域。如海蓬子和碱蓬是典型盐生植物，研究使用海水养殖尾水浇灌海蓬子和碱蓬发现，耐盐植物-土壤-水处理系统最高可分别去除养殖尾水中TN和TP的98%和99%。最近的研究发现，1∶1海水养殖废水可很大程度上代替肥料的施用，同时可获得高附加值的盐碱经济作物。

5. 鱼菜共生系统

鱼菜共生系统（图2-5）是一种将蔬菜栽培和水产养殖相结合的新型复合生

图2-5　鱼菜共生系统

产系统，能够实现更高的经济效益。在鱼菜共生系统中，水产养殖尾水直接被输送到水培系统中，养殖尾水中的氨氮经硝化反应转化为亚硝酸盐，亚硝酸盐分解为硝酸盐，其水体中的营养物质可以被植物直接吸收。

鱼菜共生系统是一种循环的、零排放的、可持续的低碳环保型养殖尾水资源化回用耦合生产模式，虽然目前还处在研发阶段与初步实施阶段，存在一些不足，比如过滤系统不完善、蔬菜品种在海水养殖中受限等，但其应用前景值得期待。

（三）海水养殖尾水资源化利用存在的问题

我国海水养殖尾水处理和资源化再生利用发展迅速，但依然存在处理效能低、发展不充分、缺乏统筹建设等问题。

一是海水养殖尾水处理系统建设程度参差不齐，缺乏统筹建设。以工厂化流水养殖模式为例，其排放方式主要为直排，集中、连片的养殖车间排放大量的养殖尾水，短时间可能会超出环境承载和自净能力。但大部分养殖企业还并未设有完整的养殖尾水处理系统，在已建园区内未留有足够空间供尾水处理系统建设使用。

二是部分养殖企业建设"处理—排放"的模式，未充分考虑海水养殖尾水的再生利用。如工厂化循环水养殖模式可通过物理、化学、生物处理等方法实现养殖水的循环再利用，可循环去除养殖后水中的固体颗粒物、有机物，达到水体再次回用的目的。

三是小型海水养殖企业尾水处理效率低，设计不合理。以实施养殖尾水排放标准较早的浙江省为例，大部分养殖企业均配备了一定规模的尾水处理系统，也在实际生产过程中得以运用。但在小型养殖企业中，养殖尾水处理仍然存在系统设计不合理、设施不完善、操作管理不到位，而造成实际处理效率低等问题。

四是我国南北方养殖模式、养殖品种多样，无法构建统一尾水处理模式，通用性强的尾水处理技术仍在研发中。

（四）促进海水养殖尾水资源化利用的主要措施

为避免海水养殖过程破坏渔业水域使用条件、损坏渔业资源、破坏海洋生态环境，针对海水养殖尾水回用存在的问题，我国需要可操作性强的破解措施。

1. 发展规划，明确重点

编制全国海水养殖尾水资源化利用发展规划，明确不同海水养殖地区养殖尾水回用的重点用途，优先鼓励建设高标准工厂化循环水养殖系统。在全国海水养殖污水资源化利用发展规划的基础上，指导地方海水养殖业完成资源化利用的规划。在规划的基础之上，指导海水养殖业统筹建设尾水处理系统，指导海水养殖业的发展。

2. 加强海水养殖尾水回用的政策法规体系建设

海水养殖尾水回用具有潜在风险，需要有很强的安全保障性，既要有政策引导和鼓励，又要有法律强制和约束。应当制定海水养殖尾水回用发展政策，对实行养殖尾水回用的养殖企业、养殖户降低其税费、电价等回用成本，对养殖尾水回用的企业免征水资源费等政府代收费用的政策，提高海水养殖污水处理厂生产渔业再生水、养殖企业或养殖户使用再生水的积极性。在法律约束方面，应积极开展海水养殖再生水相关的工作条例，做到政策优惠的同时，利用法律严格约束。

3. 加大海水养殖尾水资源化利用的财政投入

海水养殖尾水资源化利用在节水减排、保护海洋资源方面的效果显著，发展海水养殖尾水资源化再生利用有很强的公益性、战略性。首先应加大对海水养殖尾水回用的再生水处理设施建设的财政投入，充分发挥政府在海水养殖尾水回用设施建设当中的指导作用，以政府投入带动金融机构、社会资金的支持。其次应加大公共财政对海水养殖污水处理企业的扶持力度，通过设立海水养殖尾水回用设施补助等措施，对采用循环水生产、生态综合处理回用、提供盐碱作物灌溉等利用再生水的企业或养殖户给予一定的财政补贴，保障企业的良性运行。

4. 开展海水养殖尾水资源化利用的示范工程建设和宣传

结合光伏渔业一体化、鱼菜共生水循环体验等主题宣传活动，采取多种形式广泛深入企业与公众开展宣传工作，提高企业对参与海水养殖尾水深度处理与资源化利用的积极性，提高公众对现代绿色智慧渔业的认知度和认可度，增强公众的支持度，更好支撑海水养殖业的绿色可持续发展。

三、海水养殖尾水的排放标准

（一）国外海水养殖尾水排放标准

1. 美国

为了严格保护渔业资源、环境和居民的身体健康等，美国从联邦到州都制定了各种强制性的渔业法律法规，并印刷成手册散发。为了控制水产养殖的环境污染，美国在《点源排水指南》Part 451中规定了水产养殖业的排放控制要求。该指南适用于可视作点源的每年生产量≥10万磅、养殖方式为工厂化养殖、池塘养殖的集中式水产养殖。指南首先规定了新渔药报告要求和最佳管理实践要求。

美国国家环境保护局通过立法已经建立最低水质标准和实行污水的限排措施，并根据各地区实际情况，实施各自的BMP（Best Management Practice，最佳管理措施），以解决水产养殖水污染问题。BMP所指定的一些认证标准中有养殖废水限制指标，表2-5列出的是GAA（Generic Authentication Architecture，通用认证架构）对虾养殖认证标准中废水限制指标。

表2-5 相关标准具体控制要求

指标	标准	检测频率
pH	$6.0 \sim 9.5$	月
总悬浮物/（mg/L）	50	季
可溶性磷/（mg/L）	0.5	月
氨氮/（mg/L）	5	季
BOD_5/（mg/L）	50	季
溶解氧/（mg/L）	4	月

对于贝类育苗场，许多州不需要申请排水许可，其养殖废水可直接排放，因其几乎无负面影响。

2. 挪威

挪威是欧洲水产养殖大国，其鲑鱼孵化场均位于海岸沿岸，养殖场排放水直接进入大海或邻近河流。主管部门会根据环境状况限定养殖场的排放总量，如限定TP、BOD的年总排放量。如果养殖场的排放总量可能超出限定额，养殖场需安装颗粒物去除装置以降低排出水的颗粒物浓度。现今，大多数鲑鱼育苗场都进行了改造，从流水系统改为循环水系统，提高了鲑鱼的养殖密度、生产效率，在促进了其产业的发展，使其养殖水产品在世界市场具备了竞争力的同时，也降低了对环境的影响。

3. 世界银行

世界银行在废水排放控制方面，给出了排放水平限值，见表2-6。

表2-6 世界银行水产养殖EHS指南中污染物排放水平

污染物项目	单位	指导值
pH	无量纲	$6 \sim 9$
BOD_5	mg/L	50
COD_{Cr}	mg/L	250
总氮	mg/L	10
总磷	mg/L	2

续表

污染物项目	单位	指导值
油和油脂	mg/L	10
总悬浮物（TSS）	mg/L	50
升幅温度	℃	＜3
总大肠杆菌群数	MPN/100mL	400
活性成分/抗生素		依具体情况确定

注：升温指标在污染混合区边缘处测量。

（二）国内海水养殖尾水地方排放标准

虽然我国地域跨度较大，各养殖场养殖模式与养殖水排放方式不尽相同，但随着我国不断加强对养殖尾水排放的严格控制，各省、自治区、直辖市人民政府相继制定了严于《中华人民共和国水产行业标准-海水养殖水排放要求》（SC/T 9103—2007）的地方海水养殖水排放标准，如浙江省《水产养殖废水排放要求》（DB/T33453—2006）、《辽宁省养殖海水排放标准》（DB21/T 3382—2021）、海南省《海水养殖水排放要求》（SC/T 9103—2007）。

以辽宁省为例，辽宁省市场监督管理局发布了《辽宁省海水养殖尾水控制标准》（DB21/T 3382—2021），该标准中规定：养殖尾水排入辽宁省海洋功能区划中不低于二类海水水质标准的管控区域，应执行一级标准；养殖尾水排入辽宁省海洋功能区划中不低于三类海水水质标准的管控区域，应执行二级标准。具体排放指标见表2-7。

表2-7　辽宁省海水养殖尾水控制标准（DB21/T 3382—2021）

序号	项目	一级标准	二级标准
1	悬浮物/（mg/L）	≤20	≤50
2	pH	不超出该水域正常变动范围的0.4单位	不超出该水域正常变动范围的0.8单位
3	化学需氧量（COD_{Mn}）/（mg/L）	≤8	≤16
4	无机氮（以N计）/（mg/L）	≤0.50	≤1.00
5	无机磷（以N计）/（mg/L）	≤0.05	≤0.10
6	总氮/（mg/L）	≤0.15	≤3.00
7	总磷/（mg/L）	≤0.20	≤0.50

海南省市场监督管理局于2019年6月实施的《水产养殖尾水排放要求》（DB46/T 475—2019）中规定，海水养殖尾水排入GB 3097中规定的第一类、第二类水质海域，应执行一级标准；海水养殖尾水排入GB 3097中规定的第三类、第四类水质海域，应执行二级标准。具体排放指标见表2-8。

表2-8 海南省海水水产养殖尾水排放标准值

序号	项目	二级标准	一级标准
1	悬浮物/（mg/L）	≤90	≤35
2	pH	6.5～9.0	7.0～8.5，同时不超出该水域正常变动范围的0.5pH单位
3	化学需氧量/（mg/L）	≤20	≤10
4	生化需氧量/（mg/L）	≤10	≤6
5	无机氮（以N计）/（mg/L）	≤1.00	≤0.50
6	活性磷酸盐（以P计）/（mg/L）	≤0.10	≤0.05
7	硫化物（以S计）/（mg/L）	≤0.80	≤0.20
8	总余氯/（mg/L）	≤0.20	≤0.10
9	铜/（mg/L）	≤0.20	≤0.10
10	锌/（mg/L）	≤0.50	≤0.20

为满足尾水排放标准，养殖个人或养殖企业根据自身养殖模式和养殖规模不断摸索适宜自身实际生产情况的尾水处理方式，建立规模不等、模式不同的养殖尾水处理系统。

自1989年联合国环境规划署提出推行清洁生产的行动计划后，清洁生产的理念和方法开始引入我国。我国是世界上最大的发展中国家，也是实施清洁生产最具挑战性的国家，在推动清洁生产的工作中我国做出了巨大努力，20世纪90年代我国政府开始引入清洁生产，从那时起制定了大量关于清洁生产的法律法规，在我国，清洁生产参与了国家战略，建立了国家清洁生产指导中心，培养了大量的清洁生产专家，形成了关于清洁生产圆桌会议的传统等，经过多年的清洁生产实践，我国已成为全球推广清洁生产最重要和最成功的发展中国家之一。

第三节 海水养殖清洁生产与绿色发展

清洁生产，这种旨在实现经济、社会和生态环境协调发展的新的生产模式可以为海水养殖业提供最优的环保策略和管理体系。绿色发展理念与清洁生产的本质是一致的，均是以环境绩效为重要考虑因素，通过运用先进的管理理念、先进的科学技术、先进的物质装备，为海水养殖业形成资源高效利用、生态系统稳定、产地环境良好、产品质量安全的绿色发展模式提供指导思想和理论依据。

一、清洁生产发展历程

清洁生产最早起源于20世纪60年代美国化工行业的污染预防审计。1976年在"无废工艺和无废生产国际研讨会"会议中提出"消除造成污染的根源"的思想。欧洲许多国家也把清洁生产作为一项基本国策，欧共体先后制订了关于"清洁工艺"的政策以及法律法规。1989年联合国工业发展组织和联合国环境署（UNIDO/UNEP）在9个国家（包括中国）资助建立了国家清洁生产中心，世界银行（WB）等国际金融组织也积极资助在发展中国家开展清洁生产的培训工作和建立示范工程。国际标准化组织（ISO）制订了以污染预防和持续改善为核心内容的国际环境管理系列标准。2000年10月，第六届清洁生产国际高级研讨会在加拿大蒙特利尔市召开，对清洁生产进行了全面系统的总结，并将清洁生产形象地概括为技术革新的推动者、改善企业管理的催化剂、工业运动模式的革新者、连接工业化和可持续发展的桥梁。清洁生产经过多年的发展已在全球范围内被广泛实施，许多发达国家都出台了清洁生产的法律法规和工作计划，形成了完整的清洁生产管理体系。

清洁生产在我国首先用于工业领域的污染防治，我国首次清洁生产研讨会于1992年召开，主要由联合国环境规划署与原环保局联合召开。进入1993年后，在上海召开了第二次全国工业污染防治工作会议，该会议主要由原国家环保局与原国家经贸委共同召开，此次会议中启用了清洁生产概念，对于工业生产防治而言，要由控制生产过程逐渐替代单纯的末端治理，推广清洁生产。《中国21世纪议程》由政府于1994年制定推广，并将其视为可持续发展过程中的重要内容之一。《关于环境保护若干问题的决定》由国务院于1996年颁布，内容中提到：针对改建、扩建以及新建的任何项目都要对技术进行提升，所使用的清洁生产工艺要具备污染小以及能耗小的优势，对于国家禁止使用的设备以及工艺要严查到底，不得使用。《水污染防治法》《大气污染防治法》《固体废物污染环境防治法》以及《淮河流域水污染防治暂行条例》等法规及条例先后颁布与修改，清洁生产内容都被纳入其中，并为了防治工业污染先后使用了清洁生产措施。"九五计划"在制定过程中均纳入了清洁生产与工业污染防治内容，并将其视为重点工作。《关于实施清洁生产示范试点的通知》由原国家经贸委于1999年正式发布，此次通知中实施了多个清洁生产示范项目。

《清洁生产促进法》由第九届全国人大常委会于2002年6月29日通过，实施时间为2003年初，该法规的颁布预示着清洁生产在我国已经处于法律保护的新时期，使得清洁生产在我国的发展速度逐渐提升。2012年对这一法案进行修订和完善，清洁生产被法案定义为：要定期对其实施改进，改进的过程中务必要采用环保清洁材料，要使用较为先进的技术和设备，并对综合利用以及管理实施改善，将控制污染的措施从源头抓起，最大程度上控制与减少生产过程中产生的污染物，将产生的危害降到最低。受清洁生产研究逐渐趋于深入化影响，产品与服务中也逐渐融入清洁生产，其发展过程得到了有效延伸。

废物资源再利用、设备更新以及工艺应作为清洁生产中主要倡导的内容，希望通过上述方式来实现增效、降污、节能以及降耗的效果。此外，清洁生产管理水平应受到企业的高度重视，从而保证清洁目标的高效实现。宏观层面与微观层面构成了清洁生产控制的全过程，前者内容分别为规划设计、组织以及实施等环节，后者为控制物质转换的产品生产周期，其主要内容分别为原材料使用、产品处理与加工以及销售等环节。

二、清洁生产研究与应用现状

对于工业领域生产而言，清洁生产作为一种环保理念，其已经得到社会各界的广泛关注和认可，诸多学者通过相关研究认为，清洁生产不仅能将工业环境污染最小化，同时也能保证资源得到最大化的利用，最终实现工业产业的健康发展，所以说清洁生产在工业生产中占据重要地位。从工业企业经济效益角度出发，企业通过应用清洁生产，从某种意义上来说也能保证生产成本的最小化，将自身的灵活性和动态能力提升上来，从而帮助企业稳固在市场中的竞争地位。除此之外，提高资源利用率的同时，将清洁生产应用到企业日常生产中，不仅能保证人类的安全健康，也可以防止工业生产中出现不必要的风险。目前，我国学者对工业清洁生产已经进行了大量研究，在钢铁、纺织印染、水泥、化工等诸多领域都进行了清洁生产的研究，最开始的研究主要集中在清洁生产理念上，随着研究的不断深入，已经逐渐扩展到环保工艺的创新、清洁生产的全过程的完善以及废弃物品的利用，甚至也包含了整个产业系统的转变过程。

通过对比农业清洁生产和工业清洁生产，发现两者具备一致的目标，即希望通过清洁生产达到节约资源、保护环境以及提升效率的目标，利用先进的技术和科学的管理方式，保证生产的产品不会对人体健康造成危害。但两者不同的是，农业生产对清洁程度的重视较高，这种做法会影响到农产品和人体健康之间的关系。对于我国农业清洁生产而言，其起步相对较晚，但是在农业生产中，通过清洁生产不仅能降低污染程度，同时也能打造出绿色的农产品，为人类健康提供充足的保障。

三、水产养殖清洁生产

我国水产行业应当开展清洁生产的观点最早是在2003年被提出的，赵安芳等认为水产养殖会直接影响水质，同时指出，通过清洁生产不仅能将水产养殖环境的污染程度降低，也能保证产品的健康性，从而为水产养殖业的发展提供充足保障。刘长发等将陆上工厂化水产养殖作为研究对象，对其实施清洁生产的内涵以及技术进行了深入探讨，也认为将清洁生产应用到陆上工厂化养殖中可起到重要作用。我国原农业部于2011年正式下发了《关于加快推进农业清洁生产的指导意见》，该意见中主要以"推进水产健康养殖"为主，随后广西也根据国内水产养殖清洁生产指标，出台了《海水池塘养殖清洁生产要求》，自此以后，海水养殖清洁生产受到了社会广泛关注。最近几年，我国学者也将目光集中到水产行业清洁生产的研究上，但相比农业生产而言，水产行业的研究还需要进一步提升，同时也需要企业提高对水产清洁的重视程度，通过对一些海水养殖企业进行重点研究的结果得知，大部分企业管理者对清洁生产理念的认识有限。2019年随着《关于加快推进水产养殖业绿色发展的若干意见》及《淡水养殖行业（池塘）清洁生产评价指标体系》的发布，可以看出水产行业在清洁生产方面已经受到我国政府的高度重视。

水产行业开展清洁生产、发展清洁生产技术是十分必要的。我国是世界上水产养殖产量与养殖规模最大的国家，养殖产量要远远大于捕捞产量，我国淡水以及海水养殖产业在世界养殖业中的总占比为50%。受我国在海水养殖方面产量增加与规模扩大的影响，在产品质量方面要严格把关，清洁产品的生产要受到高度重视。浅海水体以及生物受到网箱的影响、海流受到网箱与筏式养殖设施的影响、海滨湿地因建设养殖池塘被破坏等是沿岸生态系统受到海水养殖的主要影响。有害藻华、生态系统退化问题以及富营养化构成了生态系统退化以及水产养殖环境污染的重要内容，富含营养物质的海水养殖尾水随地表径流进入沿海水体，受以往生态平衡遭到破坏的影响，有害物质数量也不断提升，致使局部海域水质恶化。此外，海水养殖过程投加消毒剂和抗生素等会影响微生物生态环境，排放量（消毒剂、抗菌剂）的不断增加，严重影响了附近水域微生物系统。广谱性抗生素作为养殖过程中常用的抗菌药物，该药物的过量使用使得附近环境与微生物受到较大的影响。

四、海水养殖清洁生产

海水养殖的清洁生产属于交叉性研究领域，其主要由海水养殖技术、环境科学与工程以及管理科学等共同组成，相比一些重点工业企业清洁生产而言，海水养殖业在日常生产中，也需要提高资源的利用率，及时替换原辅材料，对现有技术工艺和设备不断改进和完善，定期组织员工参加培训，强化员工技术水平，降低企业生产成本，并减少环境污染，从而提高企业日常生产效率。不仅如此，随着海水养殖业的不断发展，其呈现出复杂化和多样化特征，建立完善的水产品养殖管理体系也是实现海水养殖清洁生产的重要手段之一。设备改革、工艺完善以及废物回收等技术方面的革新作为当前海水养殖生产方面研究的重要内容，包括优良水产养殖品种选育技术、绿色无公害饵料制造技术、生产过程化学品污染控制技术、生产政策管理体系的研究及生产设备的改进与设计等。

其一，依托于生态养殖，生态养殖在今后发展期间，不仅仅要创新养殖模式，同时还要强调设施渔业中新材料和技术的实际应用，进而更好构建动植物复合养殖系统；其二，推进工程化养殖发展，联合当前多方面技术，如病害防控技术、调控技术、水质处理技术、生物育种技术等，对现代养殖工程设施进行设计，这样不但能使养殖自身污染和因养殖活动对海域环境造成的影响进行控制，而且还能更好地开展良种生态工程化养殖，并在此基础上，利用人工操纵来修复养殖系统的环境。对国内海域现状而言，其在实施期间实际包含的养殖系统有三种，即离岸深水区的离岸生态设施养殖系统、工程化养殖的养殖系统和陆地工程化养殖；其三，对药物滥用问题进行管控，现阶段水产养殖一般会使用诸多药物，比如疫苗、激素、抗菌药物、化学消毒剂等，但其在使用期间并未做到规范化使用。大部分药物在使用完成后，会通过多种途径侵入生物体内，严重的话，还会侵入人体体内，对人类的生命健康造成了严重的威胁。基于此，相关人员必须要规范化使用药物；其四，开展水产品洁净生产，因水产品的质量能为经济效益带来不同程度的影响，所以，如果水产品受到污染，不仅价值会受到影响，而且想要出口也十分困难。早些年，欧盟对我国贝类的出口提出了较高的要求，直到近几年才降低要求。整体而言，开展水产品洁净生产的研究，不仅仅是为了提高水产养殖业的经济效益，保障人民生命健康，同时也是为了塑造良好的国际形象。现阶段，国内一些机构已经开展了此方面的研究工作，虽然已进入了产业化，但仍然需要继续研究。

五、海水养殖绿色发展

1. 绿色健康养殖

绿色发展是以效率、和谐、持续为目标的经济增长和社会发展方式。

2020年"中央一号文件"作出"推进水产绿色健康养殖"的重要部署，进一步落实经国务院同意十部委联合印发的《关于加快推进水产养殖业绿色发展的若干意见》有关工作要求，落实新发展理念，加快推进水产养殖业绿色发展，促进产业转型升级。该意见明确提出，到2022年，水产养殖业绿色发展要取得明显进展，水产养殖主产区实现尾水达标排放；到2035年，水产养殖布局更趋科学合理，养殖尾水全面达标排放。提出要改善养殖环境，推进养殖尾水治理，加快推进养殖节水减排，鼓励采取进排水改造、生物净化、人工湿地、种植水生蔬菜花卉等技术措施开展集中连片池塘养殖区域和工厂化养殖尾水处理，推动养殖尾水资源化利用或达标排放。

中央于2021年实施了水产绿色健康养殖的工作部署，同时发布了《关于加快推进水产养殖业绿色发展的若干意见》，该意见中提出要提高对水产绿色健康养殖技术和模式的重视程度，加大对技术模式的推广力度，争取在短时间内实现水产养殖健康发展的目的。2021年3月25日，生态环境部、农业农村部联合印发的《农业面源污染治理与监督指导实施方案（试行）》明确，优先将畜禽、水产养殖、秸秆农膜等废弃物处理和资源化利用装备等支持农业绿色发展的机具列入农机购置补贴目录。

海水养殖绿色发展是建立在水域生态容量和资源承载能力约束条件下，运用先进的管理理念、先进的科学技术、先进的物质装备，形成资源高效利用、生态系统稳定、产地环境良好、产品质量安全的新型发展模式。海水养殖绿色发展从过去依靠资源要素投入转向依靠科技创新和提高全要素生产，从追求数量增长转向追求更高质量、更好效益和可持续发展。海水养殖绿色发展最大程度减少了养殖过程对自然环境的影响和破坏，生产出优质、安全的水产品。将绿色理念纳入我国海水养殖产业发展决策体系中，在提升我国海水养殖产品品质、提高产量及实现经济增长的同时，着重考虑环境绩效因素，促进产业环境绩效与经济绩效的协调发展。

2. 海水养殖绿色发展面临的挑战与对策

现阶段，海水养殖在绿色发展过程中，仍然存在诸多问题，包括海水养殖环保制度不够完善，水产养殖绿色发展的政策支持力度较小。目前，我国有关于环境保护的相关法律条款相对有限，几乎都是针对工业和城市污染，而对于农业污染的法律规定少之又少，再加上水产养殖污染的处罚规定和法律政策未做到切实可行，所以，其在实际工作期间，渔业主管部门无法根据法律政策来约束那些严重污染环境的行业破坏者，从而导致绿色渔业的持续发展受到较大的影响。另外，针对池塘养殖水体来说，富营养化状况现已呈常态化，池塘中的浮游植物不断增多，而且透明度较低，再加上室外操作模式的应用，大大增加了占地面积，甚至超过了畜禽养殖面积，还有部分海水养殖企业主认为绿色发展并不重要，所以在构建全面的法律政策过程中，必须要严格对待。绿色发展模式过度依赖项目推动、财政投入资金不足、养殖环保设施薄弱及渔业科技和推广工作相对滞后等也是现阶段我国推进海水养殖绿色发展面临的主要问题。

针对上述问题，在未来我国开展海水养殖绿色发展工作时，首先应当聚焦顶层设计，加大宣传培训力度，营造绿色发展氛围，加强政策扶持，强化组织领导，强化科技支撑助推绿色发展。其次是聚焦绿色生态和科技创新，以绿色发展目标为导向推动海水养殖业健康发展，提高养殖科技创新水平，降低养殖生产的环境影响。最后聚焦相关专业人才培养，实现人才带动产业发展。

具体来说，海水养殖绿色发展的基础在于落实养殖空间布局规划。发展大水面生态养殖和深远海网箱养殖，划定重要养殖区红线，完善重要养殖水域滩涂保护制度，加强水域滩涂养殖发证登记。要想真正实现海水养殖的绿色发展，必须提高对养殖水域环境治理的重视程度，做好养殖业周边环境以及自身环境的治理工作，严厉打击非法养殖业，根据当前实际情况，制定科学合理的保护措施，争取在短时间内完成养殖业周边环境改造工作。对于海水养殖尾水而言，也需要做好相应的治理工作，合理排放养殖用水，提高水资源的利用率。此外，还需要通过诸多方式，对水产养殖废弃物开展综合治理措施，提高对养殖水域环境监测的重视程度。合理评价水产养殖项目对环境的影响，制定强制性的海水养殖尾水排放标准，制定绿色健康的养殖制度，根据该制度推动海水养殖的绿色发展，同时，对现有健康养殖生产管理制度不断创新和完善，在此基础上，推动海水养殖的健康发展。随着网络技术的不断发展，技术模式和设备装备也处于不断创新中，因此，要结合实际情况，积极引进先进的技术设备，定期开展海水养殖示范工作，并不断提升示范工作的智能化。探索建立养殖容量和轮作养殖制度，实施水产养殖绿色发展示范工程。海水养殖绿色发展的关键在于修复养殖水域生态环境。发挥贝藻类的渔业碳汇功能，同时转化降解水体中过多的氮磷富营养化物质，发展不投饵滤食性、草食性鱼类增养殖，以渔净水，修复水域生态环境。对于海水养殖自身污染控制，因为海水养殖业具有自然循环和经济循环双重属性，由多个子系统组合而成，与第二第三产业密切相连，因此海水养殖业适宜发展低耗高效的循环经济模式。一方面，转变传统养殖观念，在养殖源头减少原料使用量及能源消耗量，并重构水生生态系统；另一方面，建立海洋畜牧业模式、集约化养殖模式和生态混种养殖模式三位一体的混合养殖模式，充分利用海域本身的生产力，减少养殖过程中因为不良养殖行为所造成的海域环境污染。

大力开展生态健康养殖模式推广行动，以绿色发展理念为导向，以优质高效、生态安全为标准，根据国家级水产健康养殖示范场的标准，建立水产养殖场，同时开展水产生态健康养殖技术会议，争取在最短的时间内，建立成熟的水产生态养殖技术。同时要推广一些重点的养殖技术模式，例如，池塘工程化循环水养殖、工厂化循环水养殖、稻渔综合种养以及深水抗风浪网箱养殖等。根据的实际情况，建立水产生态养殖技术模式，保证建立的技术模式具有可复制性和可推广性，扩大生态健康养殖技术的应用范围，为水产养殖业提供绿色健康的发展环境。坚持以绿色发展理念为导向的前提下，积极扩大养殖尾水治理模式的应用范围，保证养殖生产和生态环境发展的一致性，提高养殖污水治理的重视程度，制定科学合理的污水排放系统，从而做好养殖业周边环境的保护工作。池塘污水治理过程中主要应用了五种典型治理技术，包括尾水处理技术、集中连片池塘养殖尾水处理、人工湿地尾水处理、"流水槽+"尾水处理以及工厂化循环水处理等，所以要加大对这五种技术的推广力度，然后在此基础上，建立符合实际需要的尾水治理技术模式，以绿色发展理念为导向，坚持以防为主、防治结合的原则。现在要实现和推动水产养殖的绿色高质量发展，就一定要注重防控传染性疾病和用药的技术。不管是淡水鱼类，还是蟹虾类，都要积极推广，加大试验力度，改善我国高质量绿色水产生态环境的不足，争取实现科学的防控和用药量的减少，因为用药量的增大不仅会影响水产，追根溯源地来说，影响的是人们的身体健康。要从根源做起，坚持发展原生态绿色水产养殖，争取做到不用药，全方位把握免疫防控工作，从而把有害病毒消除。在整个过程中，首先要从选择优秀良好的幼杂鱼开始，然后检验水质的饱和度和标准，提高饲养人员的专业度，保证饲料源头的安全性。坚持做到构建资源节约、环境友好、质量安全的水产自循环水产养殖体系，同时也要突出重点水产养殖地区的标杆，打造一个可以复制的养殖体系，以备日后能够复制到整个水产养殖业。饲料方面也是重中之重，一方面要重视培养这方面的人才，另一方面也要进行可行性、安全性高的复合型饲料的研发。民以食为天，同样，饲料对于水产动物的养殖也是很重要的，这一关必须要把控好。在繁育方面也要大力推进育繁推一体化，加强品种性能测试，提高良种化水平。所以，在大力发展水产业的同时，要提倡科学养殖，坚持原生态绿色无污染的养殖，做到完全的水产健康化。

我国海水养殖绿色发展过程中，受到诸多因素的影响，其中最主要的因素就是海水养殖尾水的处理，因此，科学合理地处理海水养殖尾水，对我国海水养殖业具有重要的现实意义。将尾水绿色处理模式应用到海水养殖处理中，不仅能对养殖自身的污染起到良好的控制作用，同时也能降低尾水对水域环境的影响程度，修复水环境生态的同时，也能对环境起到维护作用，最终提高海水养殖的效益。随着海水养殖业的不断发展，其规模也逐渐扩大，但尾水排量也会随之增多，因此，制定合理的尾水处理方式，有效治理尾水生态环境，对当地生态环境可以起到重要的改善作用，不仅如此，社会经济效益也可以得到明显提升，这一举措也符合乡村振兴发展战略。海水养殖的绿色发展，对海水资源的利用比较重视，所以要提高各种资源的利用率，对周边生态环境进行充分的保护。坚持绿色发展的理念，同时使用先进的技术手段和设备，提高对海水养殖尾水处理力度，保证为养殖业提供一个干净的养殖环境，这样不仅能提高养殖业的经营收入，同时也为人们提供安全可靠的水产品。此外，还能实现海水养殖的转型之路，将高品质、高效益结合在一起，实现渔民经济效益的同时，也能保证养殖业和环境的和谐发展，改善养殖环境，控制污染排放。

第三章

海水养殖尾水处理技术与研究

　　尾水处理是采用各种必要的技术和手段，将尾水中的污染物质（微藻，有机物，氮、磷营养盐，细菌，病毒等）分离出去，使水质得到净化，以满足排放及回用要求。海水的盐度效应和海水养殖尾水污染结构的特殊性，增加了海水养殖尾水处理的难度。目前，海水养殖尾水处理方法层出不穷，常见的水质净化技术均可应用于海水养殖尾水的处理，但具体技术参数和实施方法有较大差异，需要根据具体项目条件予以确定。海水养殖尾水处理的基本技术按原理来分，可分为物理净化技术、化学净化技术、生物净化技术、生态工程技术及多种方法联用的综合处理技术。物理法主要包括沉淀、过滤、气浮、吸附等；化学法主要包括混凝絮凝、药剂消毒、化学中和、高级氧化等；生物法则可分为以细菌为基础的微生物转化、以藻类和水生植物为基础的生物吸附和吸收、以底栖动物（贝类）和游泳动物（鱼类）为基础的生物过滤。近年来，结合养殖尾水的特点，基于生态净化塘、人工湿地和生态浮岛的生态净化技术有着较好的应用前景，受到业界广泛的青睐。在实际处理海水养殖尾水时，单一技术往往不能达到预期效果，需要多种技术手段联合使用。目前国内外海水养殖尾水处理的趋势主要是探究海水养殖尾水处理方法的技术适宜性，研究其影响因素并优化参数值提高效率，平衡其技术成本和效益。

第一节　物理处理技术原理与研究

　　物理处理技术是指通过物理作用分离去除污水中不溶性的、呈悬浮态的污染物的处理方法。目前国内外研究较深入、应用范围较广的海水养殖尾水处理技术是物理处理技术，用于去除养殖尾水中固体悬浮颗粒、细菌、病毒、微藻等。养殖尾水中的固体悬浮颗粒物主要包括粪便、生物絮团以及未被食用的饲料。悬浮颗粒的尺寸变化范围很大，从几微米到几厘米不等。水体中的悬浮颗粒物需根据不同粒径尺寸进行划分，进而选择适当的处理方法（图3-1）。物理方法主要包括沉淀、过滤、气浮等多种方法。沉淀、过滤及气浮等物理方法对于废水中悬浮颗粒物及少量有机物的去除效果明显，但对可溶性氮、磷无机盐等去除效果不佳。集约化的循环水养殖过程中，废水中含有大量的残余饲料、排泄物和其他固体颗粒物，需要在水处理的早期阶段尽可能去除，通常使用物理过滤来过滤掉杂质，以减少后续水处理中的有机负荷。常用于海水养殖废水的物理净化技术包括沉淀技术、过滤技术、气浮技术、高分子吸附等。

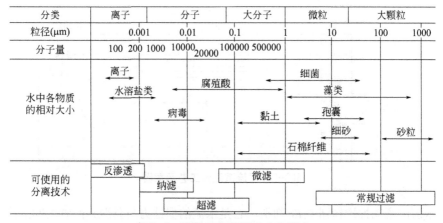

图3-1　颗粒粒径范围及分离技术

一、沉淀技术

沉淀技术又称重力分离技术，或沉降分离，即通过自然重力、借助机械旋流产生的离心力或二次流产生的向心力实现悬浮颗粒物沉降，去除海水养殖废水中的残饵、粪便等固体颗粒物，实现固液分离。

（一）沉淀池

沉淀池利用水中悬浮杂质颗粒向下沉淀速度大于水流向上流动速度或向下沉淀时间小于水流流出沉淀池的时间与水流分离的原理实现水的净化。理想沉淀池的净化效率只与沉淀池的表面积有关（表面负荷），而与沉淀池的深度无关，沉淀池池深只与污泥贮存的时间和数量及防止污泥受到冲刷等因素有关。而在实际连续运行的沉淀池中，由于水流从出水堰顶溢流会带来水流的上升流速，因此沉淀速度小于上升流速的颗粒会随水流走，沉淀速度等于上升流速的颗粒会悬浮在池中，只有沉淀速度大于上升流速的颗粒才会在池中沉淀下去。而沉淀颗粒在沉淀池中沉淀到池底的时间与水流在沉淀池的水力停留时间有关，即与池体的深度有关。

1. 平流沉淀池

平流沉淀池（图3-2）虽然是最简单的沉淀技术，但由于受到各种因素的影响，池中实际水流情况以及颗粒杂质的沉降过程复杂，在实际设计中还需注意避免沉淀效率较低、沉淀效果不理想等不利因素。一般为了使问题得到适当简化，便于突出主要矛盾，将一些次要因素去除，从理想沉淀池模型入手，以便了解和掌握此技术的要点。

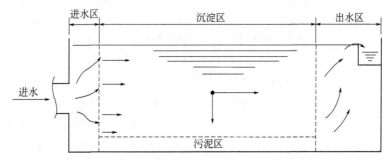

图3-2　平流沉淀池工艺示意图

水流的紊动性用雷诺数 Re 判别，它是水流的惯性力与黏滞力两者之间的比值：

$$Re = \frac{惯性力}{黏滞力} = \frac{v_{SH} R \rho}{\mu}$$

式中：v_{SH} 为水平流速，cm/s；

　　　ρ 为水的密度，g/cm³；

　　　μ 为水的动力黏度，Pa·s；

　　　R 为断面的水力半径，cm。

对于平流式沉淀池：

$$R = \frac{湿润面积}{湿润周长} = \frac{HB}{2(H+B)}$$

式中：H 为池深，cm；

　　　B 为池宽，cm。

一般认为，在明渠流中，$Re<500$ 时水流趋向于层流状态，$Re \geqslant 500$ 时水流呈紊流状态。平流式沉淀池中水流 Re 一般为4000～15000，属于紊流状态，此时水流除水平流速外，尚有空间上四个方向的脉动分速，且伴有小的涡流体，这种

脉动现象不利于颗粒的沉淀。

异重流是进入较平静而具有密度差异的水体的一股水流。异重流重于池内水体，则将下沉并以较高的流速沿着底部前进；异重流轻于水体，则将沿水面流至出水口。密度的差别可能由水温、所含盐分或悬浮颗粒量的不同所造成。若池内水平流速非常高，池中水流将与异重流汇合，对于流态有着微弱的影响。这样的沉淀池具有稳定的流态。若异重流在整个池内保持着，则具有不稳定的流态。

水流稳定性用弗劳德数 Fr 判别，它是水流惯性和重力的比值：

$$Fr = \frac{惯性力}{重力} = \frac{v_{SH}^2}{Rg}$$

Fr 数值增大，表明惯性力作用相对增加，重力作用相对减小，水流对温差、密度差异重流及风浪等影响的抵抗能力强，使沉淀池中的流态保持稳定。一般认为，平流式沉淀池的 Fr 数宜大于 10^{-5}。

一般海水沉淀池，水深在 $1.5 \sim 2.5\text{m}$，进水沿着过水断面流速很小，沉淀停留时间 $\text{HRT} > 24\text{h}$，因此，Re 值仅为一百多，但 Fr 值较小，易受外界因素干扰而使已经澄清的水体变浑浊。

海水池塘养殖生产紧邻潮间带，工厂车间距离海岸线几十米远，一般具有较好的沉淀场地。因此，沉淀方式一般采用平流式沉淀池方式。在沉淀的同时，完成优良水质的蓄水功能。因而，可以利用沉淀池占地面积大的特点，布置贝类吊笼、藻类浮筏、水培植物等。在沉淀残饵粪便的基础上，利用贝类和藻类资源化利用污染物，实现尾水的净化，保护周边海域环境。吊笼和浮筏的布置以顺流方式，形成类似于导流墙的效果，促进沉淀效率的提高，使更多的细微悬浮物沉淀出来。尾水沉淀池资源化利用布置图如图3-3所示。

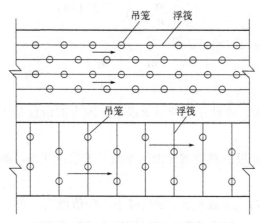

图3-3 尾水沉淀池资源化利用布置图

2. 斜管沉淀

陆基工厂化养殖排放尾水时，需要考虑占地面积经济性，因此，采用斜管斜板沉淀池（图3-4）效率更高。

按照表面负荷$u=Q/A$的关系，对某种沉速为u的特定颗粒，在处理水量Q一定时，增加沉淀池表面积A可以提高悬浮颗粒的去除率。Hazen和Camp的浅池理论表述的是当沉积容积一定时，池身浅则表面积大，去除率可以提高。

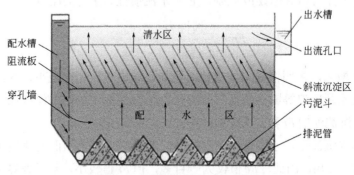

图3-4　斜管沉淀池工艺示意图

斜板、斜管沉淀池由于在沉淀池倾斜放置了许多斜板、斜管加大了池子过水断面的湿周，使水力半径和雷诺数减小，在水平流速一定的情况下沉淀效率提高。

以水流截面积为$m \times m$的正方形为例，它的水力半径R为：

$$R = \frac{m \times m}{4m} = \frac{m}{4}$$

如果用隔板沿深度方向分成n等份，则水力半径R为：

$$R = \frac{m^2/n}{2(\frac{m}{n}+m)} = \frac{m}{2(1+n)}$$

由于$n>1$，$2(n+1)>4$，因此

$$\frac{m}{2(1+n)} < \frac{m}{4}$$

如果n值足够大，可使水力半径R很小。因为雷诺数Re与R成正比，R值越小，Re也越小。

通常情况下，斜板、斜管沉淀池的水流属于层流状态，Re多在200以下，甚至低于100。

由于弗劳德数Fr与R成反比，R值减小，Fr值增大，水流的稳定性增强，也有利于颗粒沉降，提高沉淀效果。斜板沉淀池的Fr数值一般为$10^{-3} \sim 10^{-4}$，斜管

的 Fr 数值会更大。

3. 水平管沉淀池

水平管沉淀池是一种在沉淀池内装填水平管沉淀分离装置的沉淀池，沉淀原理与侧向流斜板沉淀类似。特点是沉淀效率高、沉淀区面积小。水平管沉淀池因沉淀效率高，需注意布水系统、集水系统和排泥系统等配套设施的合理布置。

"水平管沉淀分离技术"应用"浅层理论"，将沉淀管水平放置，原水进入处理区平行流动，悬浮物垂直沉淀，沉淀分离效率得到最大提升。将水平管沉淀分离区域划分为若干层，最大程度增加了沉淀面积，缩短了悬浮物的沉降距离，进而减少了悬浮物的沉降时间，提高了沉淀效率。水平管单管的垂直断面形状为菱形，管道内侧的底部侧向设有排泥口，沉淀下来的悬浮物沿着侧边底部下滑，沉积物中的悬浮物通过排泥口滑入下面的滑泥道下滑至泥斗，滑泥道两端是封闭的。原水流经水平管时，水"走"水道、泥"走"泥道，边流动，边沉淀，边分离，避免了悬浮物堵塞管道现象的发生，提高了沉淀效率，图3-5为水平管沉淀示意图。

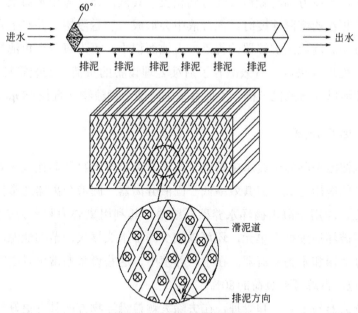

图3-5 水平管沉淀示意图

利用沉淀池处理水产养殖中的颗粒物具有悠久的传统。富含固体颗粒物质的养殖废水被引入一个层流最小的区域，为有效的颗粒沉淀提供更好的条件。沉淀池通过重力的作用去除养殖水体中的大颗粒污染物（残饵、粪便等），具有工艺简单、维护方便等特点，但对空间的要求相对较高。在半密集型、单通道、流水式养殖系统中，一个简单的沉淀区通常就足以进行固体处理。这样的沉淀池通常是养殖系统中无养殖生物的部分，可以手动或用泵将污泥从其中移除。在更集约化或半循环的养殖系统中，会使用更先进的设计，包括底部集成的沉淀锥和自动污泥排放装置。海水养殖尾水沉淀池应及时排出沉淀物，避免底部沉积污染物被细菌分解发酵，导致营养物质向水体转移，加大处理难度。沉淀物分离后应及时转移到固废单元处理或采用生态法处理。也可参考湖泊水库中的底泥消减方法，这可能是一种解决问题的思路。未来也可以考虑水下机器人工作。

4. 旋流沉淀池

旋流沉淀池（旋流集污器）广泛用于鱼池前端处理。池体为圆形，池中水由设在池中心的进水管自上而下进入池内，管下设伞形挡板使含残饵、鱼粪的水在池中均匀分布后，缓慢上升整个过水断面，而悬浮层沉降进入池底锥形沉泥斗中，澄清水从池四周沿周边溢流堰流出。在堰前设挡板及浮渣槽用来截留浮渣，保证出水水质。池的一侧设排泥管（直径大于200mm）以静水压将泥定期排出。在沉淀池中，水流方向与颗粒沉淀方向相反，其截留速度等于水流上升速度，上升速度等于颗粒的沉降速度时，混合液中会形成一层悬浮层，并对上升的颗粒进行拦截和过滤。旋流式沉淀器的优点：占地面积小，可为每一个鱼池配一个小型的沉淀池；处理效果好，有效减轻了后续处理设备的负荷；安装管理简单方便。但是和沉淀池以及微滤机一样，不能有效去除细小颗粒物（直径<50μm）。

（二）离心分离

使用沉淀池去除养殖废水中的残余饵料、鱼类排泄物和其他较大颗粒是沉淀技术最简单的应用方式，但其效率低于固液分离器。固液分离器通常作为第一个水处理单元，应用于海水循环水养殖系统中，其利用离心力和重力去除大颗粒，避免堵塞或破坏后续处理单元，还可以减少局部水头损失，节约能源。相应设备包括漩涡分离器和水力旋流器。在水产养殖中，这些设备通常可以去除直径大于80μm的颗粒，占总颗粒负荷的80%。

漩涡分离器易于安装和管理，在去除大颗粒悬浮物方面具有更好的效率。与传统的沉淀池相比，适当设计的漩涡分离器可以大大减少沉淀固体所需的占地面积。有研究使用旋流分离器处理罗非鱼（*Oreochromis niloticus*）循环水养殖用水，并通过筛分不同粒径颗粒物的去除效果评估其性能。结果表明，对于粒径250μm以上的颗粒物，该分离器可实现90%以上去除率。通过进行实验和计算流体动力学模拟，发现对于直径为0.6m和1.5m的漩涡分离器，与罐体高度和进水口位置相比，出口几何形状、进口直径和罐体直径对颗粒分离性能有更大影响。而一些研究发现，在相同的规模和表面负荷率下，径向流沉淀器提供的总悬浮颗粒（TSS）去除效率比漩涡分离器高出约两倍。

水力旋流器主要利用离心力和自由涡流来去除水产养殖尾水中的固体颗粒物，具有初始投资低、无需维护、体积小、易于使用、无能源消耗和运行成本低等优点。当养殖废水以巨大的速度螺旋式向下流动时，便会形成离心力，固体悬浮物被分离并注入水力旋流器下端的混合流中，然后排出。水力旋流器可以去除循环水养殖系统中87%以上的直径大于77μm的悬浮颗粒物。学者们始终致力于创新或优化固液分离装置，以提高固液分离效率并降低能耗。顾川川等人基于旋流器原理将颗粒过滤器和介质过滤器集成，设计了一种旋转式固体过滤器，并模拟试验验证，当水中的TSS为50～70mg/L时，平均颗粒去除率（颗粒包括直径大于100μm的沉淀颗粒物与部分直径小于100μm的悬浮颗粒物）达到87.2%。Shi等人采用CFD方法研究了应用于生物絮团循环水系统的流体动力涡流分离器的分离效率和水力停留时间（Hydraulic Retention Time, HRT）之间的关系。结果显示，在三个不同的HRT下（62s，31s，15s），随着HRT的下降，实验和模拟的去除率结果都有所下降，且HDVS的悬浮颗粒去除率低于模拟结果。在使用两种规格的聚苯乙烯颗粒模拟幼年鲤鱼（Cyprinus carpio）在不同养殖密度和沉降速度下的粪便，研究低压水力旋流器（LPH）的分离性能时发现，低压水力旋流器对悬浮物的分离性能是有选择性的，在RAS中更多地去除粒径为300～500μm的颗粒。有研究测定了低压（平均1.38～5.56kPa）水力旋流器对直径为1～700μm的细小有机颗粒的分离性能，并使用响应面法模型预测了低压水力旋流器在处理进水流量30%、下层流速为721mL/s时可实现最大分离效率。并在实际养殖系统中测试，发现低压水力旋流器在鲤鱼和尼罗罗非鱼（Oreochromis niloticus）RAS中对粪便固体的分离效率为60%～63%，对饲料废物的分离效率为59%～71%。

尽管沉淀分离法本身效率有限，但作为尾水处理系统第一道工序，沉淀工艺可以有效地去除废水中的大颗粒悬浮物，并去除悬浮物和某些小的悬浮颗粒物，且其成本低、水损失少，极大地减轻了后续水处理单元的工作负荷。

二、过滤技术

清洁的井水是通过地层的过滤作用获得的，这一现象可能启发了人类用过滤方法来处理经过沉淀仍然浑浊的地表水。早期的粒状介质过滤装置多属慢滤过滤，在这种装置内放置很细的砂粒作为过滤介质，过滤速度很慢，一般为

0.1～0.3m/h。慢滤池的过滤作用是利用藻类、原生动物和细菌等微生物在砂粒表面形成一种黏膜，当水通过此黏膜时，水中细小的悬浮颗粒（包括一些细菌）被截留，与此同时，由于微生物的氧化作用，使一些有机物得到分解，有利于它们被去除。慢滤池在运行2～3个月后，需要停止滤水，清除表面滤层中的污物。处理方法通常是将表面2～3cm的细砂层挖出，然后重新投运。但此时黏膜随表层细砂一起挖出，故投运后，要在重新形成黏膜后，才能获得优质的出水。慢滤池在过滤、刮砂的循环运行过程中，会使滤层原来的厚度逐渐变薄。当滤层不足以保证滤后水的水质时，需要用清洁的砂子补充滤层达到原来的厚度。由于慢滤池的滤速太慢，占地面积太大，现已被淘汰。

养殖尾水中由于含有大量微生物、藻类和氮磷营养物质，因此，包括土地过滤系统、人工湿地系统、曝气生物滤池（BAF）在内的生物介质过滤系统都涉及过滤基本技术和关键设计参数。

（一）砂滤池

砂滤池是工厂化养殖中常用的养殖用水预处理设备，主要滤料为石英砂。其具有结构简单、建造及运行成本低、无二次污染、对悬浮颗粒物去除效率高、反冲洗再利用效果好等优势。

1. 无阀滤池

无阀滤池因没有阀门而得名，其特点是过滤和反冲洗自动地周而复始进行。重力式无阀滤池如图3-6所示。无阀滤池过滤时，经混凝澄清处理后的水，由进水分配槽、进水管及配水挡板的消能和分散作用，比较均匀地分布在滤层的上部。水流通过滤层、装在垫板上的滤头，进入集水空间，滤后水从集水空间经连通管上升到冲洗水箱，当水箱水位上升达到出水管喇叭口的上缘时，便开始向外送水至清水池，水流方向如图中箭头方向所示。

过滤刚开始时，虹吸上升管与冲洗水箱的水位的高差为H_0，为过滤起始水头损失，一般在20cm左右。随着过滤的进行，滤层截留杂质量增加，水头损失也逐渐增加，但由于滤池的进水量不变，使虹吸上升管内的水位缓慢上升，因此保证了过滤水量不变。当虹吸上升管内水位上升到虹吸辅助管的管口时（这时的水头损失H_1，称为期终允许水头损失，一般为1.5～2.0m），水便从虹吸辅助管中不断流进水封井内，当水流经过抽气管与虹吸辅助管连接处的水射器时，就将抽气管及虹吸管中空气抽走，使虹吸上升管和虹吸下降管中的水位很快上升，当两股水流汇合后，便产生了虹吸作用，冲洗水箱的水便沿着与过滤相反的方向，通

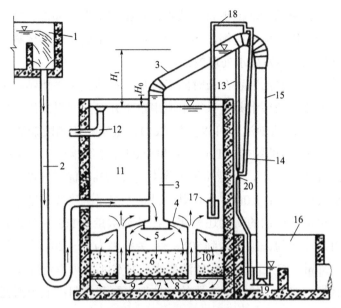

图3-6　重力式无阀滤池

1—进水分配槽；2—进水管；3—虹吸上升管；4—顶盖；5—配水挡板；6—滤层；7—滤头；8—垫板；
9—集水空间；10—连通管；11—冲洗水箱；12—出水管；13—虹吸辅助管；14—抽气管；15—虹吸下降管；
16—排水井；17—虹吸破坏斗；18—虹吸破坏管；19—锥形挡板；20—水射器

过连通管，从下而上地经过滤层，使滤层得到反冲洗，冲洗废水由虹吸管流入水封井溢流到排水井中排掉，就这样自动进行冲洗过程。

随着反冲洗过程的进行，冲洗水箱的水位逐渐下降，当水位降到虹吸破坏斗以下时，虹吸破坏管会将斗中的水吸光，使管口露出水面，空气便大量由破坏管进入虹吸管，虹吸被破坏，冲洗结束，过滤又重新开始。

无阀滤池主要应用于给水处理场合较多。由于其结构简单，技术成熟，自动化程度高，可靠性好，维护工作少，因此深受养殖户欢迎。用于尾水处理，可以通过调整滤料粒径和材质，设置合理的反冲洗强度，实现高效处理和运行。

砂滤装置的处理效果与基质材料的颗粒大小、形状和滤层孔隙率有关。周阳等利用不同粒径及颗粒密度的石英砂填充出3层砂滤罐，两组并联，用于工厂化循环水养殖中悬浮颗粒物的去除，去除率高达99%以上。砂滤器不仅可有效去除悬浮颗粒物质，还可以滤除水中的细菌、微藻等物质。研究发现，使用生物沙池去除鱼类废水中的致病菌，发现水中的几种细菌在试验开始阶段就可以被去除，并且在试验的最后阶段去除率保持在99.9%以上。

此外，砂滤装置能在一定程度上去除养殖废水中的氨氮和COD，成本低，操作简单，但需要经常检查砂滤层的介质，及时去除表面浮泥，改善系统整体水处理效果。当然，传统的砂滤池也有其缺点，包括需定期反冲洗、冲洗压力大、滤池材料容易变硬、维护成本高等。实际应用中，应全面考虑其优缺点，逐步克服不足，以达到最佳的养殖尾水处理效果。

为了解决传统的砂滤装置在长时间工作后，拦截大量固体颗粒造成反冲洗困难的问题，在罗非鱼循环水养殖系统中应用自主开发的气提式砂滤器，悬浮物平均去除率为41.31%；该砂滤器可以降低COD、氨氮和亚硝酸盐的含量，并能去除一些直径小于30μm的颗粒。Timmons和Ebeling总结指出，快速砂滤器每天可处理94～351m³养殖废水，对悬浮物去除率超过67%，优于气提式砂滤器，但快速砂滤器的水头损失达到2.0m以上，其反冲洗水量及强度需求都很大，综合而言气提式砂滤器更优；他们的研究还表明，在处理水量为115～700m³·d⁻¹时，压力型砂滤器对悬浮物的去除率达到50%，水头损失为2～20m，去除的悬浮物的直径为30～75μm。综上，气提式砂滤器水头损失小，可以连续反冲洗以保证设备可以连续运行，省去了传统砂滤器的反冲洗水泵和阀门；能源消耗比传统砂滤器装置低，而且操作简单，易于维护。

2. 移动罩滤池

移动罩滤池是由许多滤格组成一组构成的滤池。它采用小阻力配水系统，利用一个可以移动的冲洗罩轮流对各个滤格进行冲洗。冲洗方法是：移动罩先移动到待冲洗的滤格处，然后"落床"扣在该滤格上，启动虹吸排水系统（也有采用泵吸式排水系统的）从所冲洗的滤格上部向池外排水，使其他滤格的滤后水从该滤格下面的配水系统逆向流入，向上冲洗滤格中的滤料层。每个滤间的过滤运行方式为恒水头减速过滤。每组移动罩滤池设有池面水位恒定装置，控制滤池的总出水量，设计过滤水头可采用1.2～1.5m。移动罩滤池布置见图3-7。

移动罩滤池高度较小，适合布置到养殖池塘内，再加上反冲洗可以实现自动化，未来有望在池塘尾水处理上有良好的使用价值。

（二）机械过滤

机械过滤是海水养殖系统中去除固体颗粒的主要手段，即在养殖过程中安装过滤装置（筛网），当养殖废水与颗粒物的混合物流经过滤装置时，大粒径残余饵料、养殖生物粪便等颗粒被过滤出废水。常见的过滤装置包括转鼓式微滤机、弧形筛等。经机械过滤处理后的水产养殖尾水，其中颗粒物直径通常小于50μm。

1. 压滤

压滤机是在过滤介质一侧施加机械力实现过滤的机械，主要用于悬浮物含

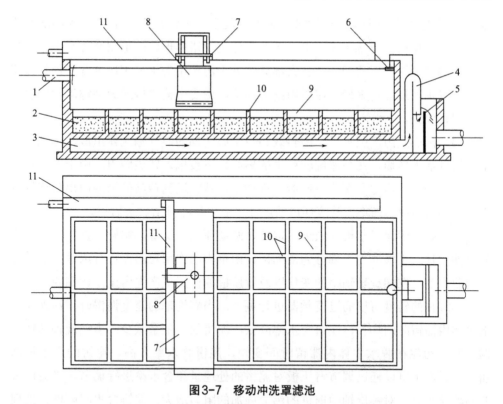

图3-7　移动冲洗罩滤池

1—进水管；2—滤层；3—底部集水区；4—出水虹吸管；5—出水堰口；
6—水位恒定器；7—桁车；8—冲洗罩；9—滤格；10—隔墙；11—排水槽

量较高的固液分离。常见的有板框压滤机、带式压滤机、离心式脱水机、叠式脱水机等。

（1）板框式污泥脱水机　在封闭状态下，由高压泵打入的污泥经过板框的挤压，使污泥内的水通过滤布排出，实现脱水目的。

（2）带式污泥脱水机　由上下两条张紧的滤带夹带着污泥层，从一连串有规律排列的辊压筒中呈S形经过，依靠滤带本身的张力形成对污泥层的压榨和剪切力，把污泥层中的毛细水挤压出来，从而实现污泥脱水。

带式压滤机使含水污泥流入带式污泥压布泥器，污泥均匀分布到重力脱水区上，并在泥耙的双向疏导和重力作用下，污泥随着脱水滤带的移动，迅速脱去污泥中的游离水。重力脱水区设计较长，从而实现最大限度重力脱水。将污泥翻转下来进入超长的楔形预压脱水区，缓慢夹住重力区卸下的污泥，形成三明治式的夹角层，依次缓慢预增加压过滤，使泥层中的残余自由水分含量最小化，随着上下两条滤带缓慢前进，两条滤带之间的上下距离逐渐减小，中间的泥层逐渐硬化，通过预压脱水大直径的过滤辊，将大量的自由水脱掉，泥饼顺利进入挤压脱水区，进入"S"压榨段，在"S"形压榨段中，污泥被夹在上、下两层滤布中间，经多个压榨辊反复压榨，上、下滤带通过交错辊形成波形路径并且上下位置顺序交替对泥饼产生剪切力，将大部分的处于污泥中的水分积压过滤，促使泥饼再一次脱水，最后将干燥的泥饼用刮刀刮除，由皮带输送机或无轴螺旋输送机运至污泥存放处。

（3）离心式污泥脱水机　由转载和带空心转轴的螺旋输送器组成，污泥通过空心转轴送入转筒，在高速旋转产生的离心力下被甩入转鼓腔内。由于密度不一样，固液分离。污泥在螺旋输送器的推动下，被输送到转鼓的锥端由出口连续排出；液环层的液体由重力从液环口的连续"溢出"处排出到滚筒外。

（4）叠式污泥脱水机　通过固定环、游动环相互层叠，螺旋轴贯穿其中形成的过滤主体。主体的前半部分为浓缩部，由重力的作用对污泥进行浓缩；后半部分为脱水部，在螺旋轴轴距的变化以及背压板的作用下产生内压，达到脱水的效果。螺旋轴的转度可以通过变频器进行调节。当螺旋轴的速度调慢时，污泥在脱水主体内滞留时间加长，泥饼含水率降低，泥饼的产生量减少；当螺旋轴的速度调快时，污泥在脱水主体内滞留时间变短，泥饼含水率升高，泥饼的产生量增加。同时，也可以通过调节背压板对泥饼的处理量和含水率进行调节。当背压板的间隙调小时，对螺旋轴中前进的污泥施加的阻力增大，泥饼含水率降低，处理量也会减少；当背压板的间隙调大时，对螺旋轴中前进的污泥施加的阻力减小，出来的泥饼含水率提高，处理量也会相应提高。并且，螺旋轴带动了游动环，及时把夹在滤缝里面的污泥排出，具有自我清洗的能力，防止滤缝堵塞。脱水主体上方设有喷淋装置，在自动运行的状态下，可以根据设定的时间开启或关闭电磁阀，偶尔喷淋，保持脱水机的美观，脱水主体的两边有侧盖，防止泥水溅出。通过脱水主体进行固液分离，滤液从固定环和游动环形成的滤缝中排出，汇集到滤液回收槽，回流到原水池中。设备原理图如图3-8所示。

2. 微滤

如何高效、经济地去除细小颗粒物（<50μm）是学术界和工程界一直关注的实际问题。悬浮物浓缩方法有重力浓缩、气浮浓缩、微滤浓缩和压滤浓缩等技术。其中微滤和压滤技术针对尾水处理更适宜且效率相对较高。

（1）微滤机　微滤机的工作原理是为进一步减小后续水处理单元的工作负荷，利用较细孔径的筛网滤除养殖水体中的细小悬浮颗粒物。其对细小颗粒物的滤除取决于筛网的孔径大小，筛网孔径越小其工作效率越高，目前，筛网目数在200目时对水体的综合过滤效果最好。

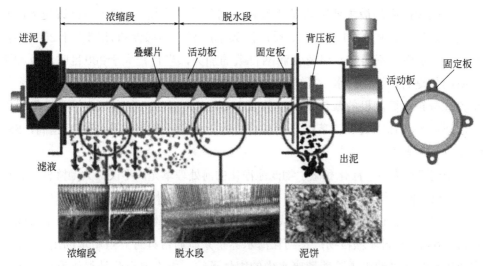

图3-8　叠式污泥脱水机原理图

虽然国内生产的微滤机在外观样式上不尽相同，但其过滤原理一致，借助不同大小筛网的回转离心力，在较低的水力阻力下，具有较高流速，从而截留住悬浮固体。

工厂化循环水养殖滚筒微滤机的所有的自动装置均由机箱体外的控制电箱进行控制。工作时，2/5滤网浸没在水中，待处理的废水沿轴向进入转鼓，经过筛网流出，水中杂质（细小的悬浮物、颗粒物、纤维、纸浆等）即被拦截在鼓筒的滤网内面。当截留在滤网上的杂质被转鼓带到上部时，反冲洗水从筛网外侧冲进排污槽流出，从而实现固、液两相分离。如图3-9所示。

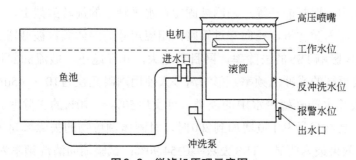

图3-9　微滤机原理示意图

当水位下降到水位控制器所在的位置时，水位控制器向控制器发送电信号，控制中心将启动滚筒电机和加压水泵。滚筒开始缓慢转动，同时，高压水泵将高压水从喷嘴里泵出，高压水将黏附在筛网上的污物冲洗掉，而滚筒内部的集污槽收集污物，然后从排污管排出，完成固液分离和自动清洗过程。

影响去除率的最主要因素是微滤机滤网目数（孔径）。滤网的目数越大，孔径越小，截流的固体物越多，但反冲洗频率越高。当微滤机滤网大于200目时，TSS去除率增加不明显；但随着滤网目数的加大，当目数大于200目时，反冲洗频率明显提高，导致耗水、耗电量迅速增加。根据去除效果与耗水、耗能三者的相关性分析，微滤机的最佳滤网目数应在200目左右。但在实际应用中，网目的选取还应与具体水处理工艺结合后综合考虑。当废水浓度越高，网目越高，SS、COD去除率越高。

微滤机作为生态净化和微生物滤池净化的前处理单元，不仅极大地降低了管道设备被堵塞的风险，还可以降低局部水头损失，降低能耗，降低生产运行成本。

转鼓式微滤机是砂滤池的替代品，特别是当废水量较大时，主要用于去除直径大于60μm的固体颗粒物；集约化海水养殖系统通常具有养殖用水回用的特点，常使用转鼓式微滤机去除养殖废水中的固体颗粒。由于滚筒筛是整体设计和运行的，活动部件较少，因此其使用寿命长，操作和维护成本低，且过滤过程非常简单、高效和可靠。转鼓式微滤机是基于养殖废水中的悬浮颗粒直径大于筛网孔径，通过截流悬浮颗粒以实现固液分离。转鼓的旋转和反冲洗可以清洁筛网，以确保其高效和可持续地去除固体。在转鼓式微滤机的实际运行中，转鼓的旋转能量基本稳定，但随着筛网目数的增加，反洗频率提高，耗电量也随之而增加。评价转鼓式微滤机性能的一个重要指标是耗水量，与反洗次数成正比。转鼓式微滤机具有很强的适用性，占用的空间小，维护方便，其处理效果与水力负荷率、网孔大小、颗粒浓度和反冲强度等参数密切相关。

转鼓式微滤机中，筛网是核心工作部件，其孔径直接影响转鼓式微滤机的去除悬浮物能力、运行能耗等。筛网被固定在水平轴上的旋转鼓架上，并部分浸没在水中；水流入微滤机，径向穿过筛网，相应尺寸的固体颗粒被截留。筛网目数（孔径）直接影响TSS的去除率。网目数越大，孔径越小，截流的固体越多，但同时也需要更高的反冲洗频率。彭海清等人使用网眼孔径为10～45μm的微筛鼓式过滤器去除水产养殖废水中的藻类，可实现50%～70%的去除率。宿墨等人研究发现，当网目数从150增加到200时，对固体颗粒物的去除率迅速增加，筛网为200时效果最为明显，TSS去除率达54.90%；试验期间清洗频率为每小时2.1次，耗电量为6.902kW·h/d，耗水量为1.68m³/d。何春丽研究发现，使用约260目转鼓式微滤机可以有效净化养殖水质，提高养殖密度至原来的143.1%，而使用420目转鼓式微滤机可以使饲养密度达到原来的161.5%。根据Vinci等人的研究结果，对于直径60～100μm的颗粒，当其进水质量浓度<5mg/L和>50mg/L时，转鼓式微滤机的去除率分别为31%～67%和68%～94%。

为提升转鼓式微滤机效率及降低能耗，许多学者开展了一系列研究。Chen等人利用表面微孔过滤器原理改进了传统的转鼓式微滤机，他们设定了一定的过滤水位和时间，通过筛网筛板结构的往复运动和清洗系统实现了新型连续微筛鼓式过滤器的实时反洗；在不停机的情况下，定期更换滤布，即可解决滤网堵塞的问题，提高滤网处理容量。陈建平和曹冬冬建立了微滤模型，并分析了微滤过程中拥堵的影响和原因，包括滤水、时间和反洗效果。随后，他们设计了一种新的连续水处理微筛鼓式过滤器，用较少的电力消耗去除固体。Ali设计并评估了一个由下水车驱动的转鼓式微滤机，用于罗非鱼循环水养殖系统，该过滤器每天仅使用18kW的能源，在试验后期去除率可达52.41%。陈荣华、陈克对RAS中的转鼓式微滤机进行了改进，通过水位的差异控制装置旋转和反冲洗，降低了能源消耗，节省劳动力及建造成本，易于操作，运行成本低。Summerfelt等人建立了转鼓式微滤机的处理效率与TSS浓度之间的经验模型，并估算出养殖池底部排放物中大约79%的TSS可被滤除。Davidson和Summerfelt则在转鼓式微滤机之前增加了沉淀装置，微滤机可去除TSS总质量的40%～45%，实现了RAS的稳定运行。Davidson等人发现，在水交换量较低的RAS中，带有60μm滤网的转鼓式微滤机可以去除养殖水体中大部分的TSS、TP和TN。Fernandes等人的研究发现，具有不同孔径微网（即100、60和20μm）的转鼓式微滤机的养殖系统中，颗粒物质比无微滤机的对照养殖系统少3.5倍，且20μm处理组比60μm或100μm处理组的系统更快地达到稳定状态。为了控制成本并优化转鼓式微滤机的过滤性能，选择具有最小过滤面积的过滤器在中短期内更具经济优势。

在许多RAS中，转鼓式微滤机被用来去除和浓缩工艺水中的悬浮物，因为这些过滤器需要最少的劳动力和楼层空间，而且可以处理大量的水，水头损失很小。它们产生一个独立的固体废物流，可以进一步浓缩，以减少排放水的数量并提高其质量。微筛鼓式过滤器的最大特点是它们具有自洁功能，以满足系统的连续运行要求，过滤器的网目一般为120～300目；200目是主要网目。尽管转鼓式微滤机设计坚固，但仍存在与驱动旋转、反冲洗泵和运动部件磨损有关的损耗。因此，实际养殖过程中通常会通过沉淀对养殖过程中的固体颗粒物进行预浓缩，例如在圆形养殖池的中央底部排水口处实现较低流速，以促进颗粒物的沉淀和收集。这种富含固体颗粒物质的底部流水占总流量的5%～20%。由于微滤的去除率随浓度增加而增加，因此该种方式可以更有效地对养殖废水进行处理。此外，需要转鼓式微滤机处理的水量大幅减少，从而可以降低投资和运行成本。转鼓式微滤机的缺点是需要高压水射流冲洗，能耗大，筛网容易损坏，维护成本高，在二次过滤中容易破碎大颗粒，产生大量微小颗粒，从而降低了后续生物处理的效率。在使用转鼓式微滤机去除悬浮颗粒之前，必须充分考虑到其特点，以便提前做好应对措施，这将导致生产过程中不必要的经济损失。

（2）弧形筛（Parabolic screen filters） 弧形筛通过离心力和重力使拱形筛面的入口流向和出口流向垂直对齐，基于废水中悬浮颗粒的粒径与弧形筛孔径的大小进行固液分离。弧形筛是金属网状结构，具有较高的强度、刚度和承载能力，具有结构简单、成本较低、无动力消耗、对悬浮颗粒物去除率高等优点。但自动化程度低，需要经常人工清洗筛网。在循环水养殖系统中，弧形筛用于分离直径大于70μm的悬浮颗粒。

近年来，研究人员评估了弧形筛在循环水处理中的有效性。梁友等人于2011年使用弧形筛有效地去除半滑舌鳎循环水养殖系统废水中90%的固体悬浮颗粒，提高了DO和pH，并降低了后续水处理的COD；有研究表明，在大菱鲆养殖废水处理过程中，将弧形筛作为主过滤器可以有效地去除残饵、粪便等大型悬浮颗粒。辛乃宏等人于2009年在鳗鱼（*Epinepheluscoioides*）循环水养殖系统中使用了一个具有250μm筛网间隙的不锈钢网格弧形筛，该系统可以去除80%的粒径大于70μm的固体颗粒；弧形筛与蛋白质分离器相结合应用，有效地减少了养殖水中的有机含量，并使循环水养殖系统的单位能耗降低了44.35%。Danaher等人比较了弧形筛与过滤器，发现弧形筛能够去除5.8%的固体，而过滤器的去除率为30.8%。陈石等人2015年研究发现，弧形筛的筛网间隙应等于或略小于养殖废水中固体颗粒的平均尺寸，进水流速与固体颗粒去除率成反比，在合理范围内增加安装角度可提高其固体颗粒去除率。通过弧形筛过滤，在系统运行初期去除残留饲料、排泄物和其他大的固体颗粒，可以大大降低整个水处理系统的负荷，特别是可以大大改善后续泡沫分离和生物过滤过程的处理效果。目前，弧形筛被广泛用于循环水养殖水处理中。尽管弧形筛有优势，但在自动化、减少劳动力和其他方面仍需要改进。此外，缺乏对筛网表面的自动清洗是一个亟须解决的实际问题。在配备弧形筛的水产养殖系统运行过程中，必须对弧形筛的密封性进行监测，并及时检查筛网的安全性，防止损坏，并及时擦洗和检查滤网，防止网眼堵塞，影响整体水处理效果。

（三）其他过滤技术

近年来，膜过滤技术逐渐被应用于水产养殖系统。2020年，Ragnhild等人应用超滤（0.001～0.1μm）或微滤（0.1～10μm）的膜技术去除水体中的微小和胶体有机物，实验结果发现具有超滤膜的大西洋鲑循环水养殖系统，在滤出微小和胶体有机物后，水环境更稳定，水体理化和微生物环境更好，微生物多样性更高，细菌繁殖率降低，细菌密度更低，溶解性有机物和氨氮浓度降低。同时，应用膜过滤技术去除养殖水中的病原微生物同样受到国内外的关注。Clémence Cordier等评估了超滤（UF）用于海水养殖水的消毒能力，验证了在半工业规模下使用超滤去除孵化场或养殖场进水中病原微生物的实际情况。实验结果表明水中弧菌的浓度降低，而对病毒OsHV-1的去除率一直高于98%，但没有达到100%。

此外，近年来针对养殖废水处理技术，也有各种创新。Darabitabar等制作了一种新型吸附剂——纤维素纳米纤维气凝胶，用于净化养殖废水，对硝酸盐、亚硝酸盐和磷酸盐的去除率最高分别为79.65%、73.04%和98.18%。Lin等研究发现经超声波处理的磁性吸附剂ZrO_2/Fe_3O_4能将养鱼场污泥中总磷量的49%转化为可溶解的磷，对养鱼场污泥释放的磷的去除率可以达到100%。

三、气浮技术

气浮技术是在待处理水中通入大量的、高度分散的微气泡，水中的疏水性杂质在一定水力条件下与散布的微小气泡碰撞，在分子间的范德华力的作用下黏附在一起，在浮力作用下上浮到水面而除去。此外，它还包括水中较大的亲水性絮凝体通过网捕、架桥以及包卷等作用俘获微小气泡，借助浮力作用上浮到水面以完成水中固体与固体、固体与液体、液体与液体分离的净水方法。气浮技术的分类不统一，一般根据不同的气泡产生方式，可以把气浮过程分为溶气气浮法、诱导气浮法、电解气浮法、生物及化学气浮法等。

（一）电气浮技术

电气浮技术早在20世纪70年代已有应用，是通过电解水产生的H_2、O_2或Cl_2等微小气泡吸附水中的污染物，并通过漂浮去除水中污染物的一种水处理方法。根据阳极材料是否溶解，可分为电解气浮和电凝聚气浮。前一种电极不溶解，只电解产生气浮所需的气泡；而后一种电极溶解，同时产生气泡（H_2）以及多核羟基络合物、氢氧化物（铁、铝等）等絮凝剂。电气浮的优点在于产生的气泡尺寸远小于溶气气浮和散气气浮产生的气泡尺寸，而且不产生紊流，处理效果好，出水浊度低；阳极可以通过电解反应产生羟基自由基，在一定程度上氧化有机污染物；对废水负载变化的适应性强，产生污泥量少，占地少，无噪声产生。但电气浮处理量低、能耗及极板损耗较大、运行费用较高等问题，在一定程度上制约其发展。目前关于电气浮应用的报道多为油田含油废水的处理，或结合二次生化等技术处理生活污水，或应用乳化液废水处理。由于海水养殖尾水电导率高，比较容易实现电气浮技术。

（二）诱导气浮技术

诱导气浮也称为散气气浮，常见的方法为叶轮气浮和射流气浮。叶轮气浮的散气盘在水中高速旋转，离心力形成的负压能将空气吸入，然后被散气盘切割成气泡沿径向甩出。尽管叶轮气浮机具有吸入气体多、无需溶气、受含油量影响小、设备紧凑等特点，但其本身为大型动设备，结构复杂且需定时保养。射流气浮是利用喷射泵的原理，水从喷嘴高速喷出时会产生节流压降，在喷嘴的吸入室内形成负压，气体被吸入后被水剪切成气泡。射流气浮避免了结构复杂的选择散气盘，减少了能耗，其能耗仅相当于叶轮浮选机的一半，但射流气浮的气泡数量和尺寸受喷嘴结构的影响，一般气泡直径越小，气泡数量越多，脱油效果必然越好。它最初广泛应用于矿物加工，后来也用于石油化工行业的油水分离。

（三）溶气气浮技术

传统的溶气气浮是利用离心泵和空气压缩机将水和空气同时压入溶气罐，溶气压力一般为 $2 \sim 4$ 个大气压。在溶气罐中空气溶解于水，溶气水经压力释放阀后送入气浮装置中。随着压力降低，溶气水处于过饱和状态，溶解的空气以微气泡的形式释放出来并黏附水中的油滴，从而完成净水过程。由于溶气气浮释放的微气泡的外层是一层弹性水膜，其中的水分子排列紧密且稳定，因此空气无法逃逸。这层水膜保证了气泡具有一定的稳定性。溶气气浮产生的气泡直径为 $10 \sim 100 \mu m$，比表面积大，具有良好的油污去除能力。此外，溶气设备的结构相对简单，所以溶气气浮是目前应用最广的技术。

（四）三级离心旋流气浮技术

高效三级旋流气浮是利用切向进水，依靠进水速度产生离心力，由于油、水、悬浮物的密度不同，在离心力的作用下，先把它在径向分开。容器中加入了溶解气，在压力作用下，溶解气的气泡直径比常压气浮直径要小，气泡更易与油和悬浮物黏合，在气浮上升的过程中不易出现滑脱，所以气浮作用大大好于常压气浮。气浮过程分为三级：第一级出来的水进入第二级离心浮选，顶部排油、排悬浮物、排气，下部出水进入第三级，第三级作用同前，第三级出水能满足油 $\leqslant 10mg/L$，悬浮物 $\leqslant 10mg/L$。三级离心旋流气浮技术处理能力大，浮选效率高；除油、除悬浮物效果好，结合高效的浮选药剂，油及悬浮物均可降到10mg/L以下；运行费用低，加药费用少，机泵功率低，综合运行费用低于传统气浮技术。

（五）涡凹气浮技术

涡凹气浮技术产生微气泡是通过特制的曝气机，即加药混凝后的污水首先进入装有涡凹曝气机的曝气区，该区设有独特的曝气机，在水中通过底部的中空叶轮的快速旋转形成了一个真空区，此时水面上的空气通过中空管道抽送至水下，并在底部叶轮快速旋转产生的三股剪切力作用下把空气粉碎成微气泡再与污水中的固体污染物有机地结合在一起上升到液面。固体污染物到达液面后便依靠这些微气泡支撑并浮在水面上，通过刮渣机将浮渣刮入污泥收集槽，净化后的水由溢流槽溢流排放。涡凹气浮技术效率高，产生的微气泡是加压溶气气浮的4倍，而过去溶气气浮技术中的压力溶气罐、电耗很高的空压机、循环泵以及易堵塞的喷嘴或释放器被完全放弃，节省能源。涡凹气浮技术能耗特别低，仅相当于加压溶气气浮技术的1/8 ～ 1/10，节省运行成本40% ～ 90%。

（六）超效浅层气浮技术

超效浅层气浮技术是一种先进气浮技术，成功地运用"浅池理论"和"零速"原理进行设计，集凝聚、气浮、撇渣、沉淀、刮泥于一体，是一种高效节能的水质净化技术。在使用时可以强制布水，进出水都是静态的，微气泡和絮粒的黏附发生在包括接触区在内的整个气浮分离过程，浮渣瞬时排出。

（七）泡沫分离技术（水产养殖业的气浮技术）

泡沫分离技术是一种新型的尾水处理技术，通过向含有活性物质的液体中鼓入气泡，将活性物质聚集在气泡上，再对气泡和液体分离，实现水产养殖尾水处理的目的。附着在气泡上的表面活性物质和其他收集的颗粒物作为泡沫上升到水体的表面，然后将其从水体中去除。泡沫主要由溶解的有机物和直径小于30μm的颗粒物组成，因此，泡沫分离被认为是有效去除循环养殖系统中的微小颗粒物的少数工艺之一。实际上，由于海水的表面张力高于淡水的表面张力，泡沫分离在海水系统中比在淡水系统中更有效。因此，泡沫分离通常是海水循环养殖系统的组成部分。使用泡沫分离器时需要提前考虑如何处理这些泡沫废物，例如必须清空蛋白分离器的收集杯或直接排放到下水系统里。

泡沫分离法，即通过对待处理废水曝气，形成大量气泡，气泡上浮过程中其表面吸附表面活性物质或疏水的微小悬浮物，上浮至水面形成泡沫去除污染物的过程。泡沫分离器根据其气泡产生、气液接触和气泡收集方式的差异大致分为五类，即直流式、逆流式、射流式、涡流式和气液下沉式。泡沫分离法不仅可以去除海水养殖废水中的溶解性蛋白质、小粒径颗粒物等物质，还能为养殖生物提供溶解氧泡沫分离技术，最早于19世纪90年代，广泛应用于欧洲许多国家的水处理。近年来，随着我国海水工厂化水产养殖业的迅速发展，泡沫分离技术越来越多地被应用于封闭式循环水养殖系统中。郑瑞东等人使用曝气泡沫分离器去除海水养殖废水（盐度31‰）中的悬浮物，去除率为36.24%～67.05%。Brambilla等将泡沫分离器应用于狼鲈循环水养殖系统，发现其对大于60μm及0.22～1.20μm的悬浮颗粒物去除效果较佳。

泡沫分离器在海水循环水养殖中应用广泛。循环水养殖系统中，直径小于30μm的颗粒占颗粒总数的80%～90%，且这些悬浮颗粒中携带包括7%～32%的氮和30%～84%的磷。泡沫分离器在海水循环水养殖系统中具有良好的净水效果，对小颗粒悬浮物和溶解性有机物具有良好的去除效果。但在淡水养殖系统中，由于淡水养殖缺乏电解质，泡沫形成率低，稳定性差，具有较低的固液分离效率，所以通常不选择泡沫分离器来处理淡水循环水养殖废水。

泡沫分离器可以从循环水养殖系统中分离出溶解的有机物和悬浮颗粒，降低养殖水体BOD与COD，增加溶解氧含量，并为生物过滤器功能的实现提供有利条件。Lamax将泡沫分离器与生物滤器、沉淀池或机械过滤器结合使用，发现泡沫分离器和生物过滤器的组合具有最高的净水效率。Timmons提出，泡沫分离器适合去除较小颗粒的悬浮固体。刘长发等2006年自主设计了牙鲆（Paralichthysolivaceus）循环水养殖系统，使用斜板沉淀池、水力旋流器和泡沫分离器去除固体颗粒。结果显示，沉淀池对养殖水体中的TSS的去除能力最强，而泡沫分离器能去除53.1%最难去除的颗粒，其中VSS占93.2%。罗国芝等研究指出，在循环水养殖系统中，泡沫分离器对亚硝酸盐和氨氮具有去除效果，去除率分别为42%和25%。

泡沫分离器对悬浮固体颗粒的去除效率受物理因素（如气体流速、水力停留时间）和化学因素（如温度、pH、盐度等）的影响。于向阳等研究发现，泡沫分离器的高度对其去除能力的影响随有机物浓度的变化而变化，当有机物浓度为4.32mg/L时，去除率明显提高，气液比为6时有机物去除率最大。孙大川和吴嘉敏指出，泡沫分离器对循环水养殖系统中的悬浮颗粒物和溶解性有机物均有良好的去除效果，延长HRT可以提高水处理效果。胡维安研究发现，流速的变化对自行设计的喷射式泡沫分离器的水处理效果影响不大，而微孔曝气泡沫分离器随着供气量的增加，氨氮、COD和悬浮物的去除率也随之增加。在相同的处理条件下，喷射式泡沫分离器的水处理效果优于微孔曝气泡沫分离器，且能耗较低。Barrut等评估了不同有机颗粒物质浓度、水循环率、气流速度等因素对泡沫分离器效果的影响，指出减少水循环量、降低水循环率、提高有机颗粒物浓度可增加泡沫分离效率，而增加气流速度会降低分离效率。

（八）微纳米气泡技术

微纳米气泡技术产生于20世纪90年代末，21世纪初在日本得到了蓬勃的发展，其制造方法包括旋回剪切、加压溶解、电化学、微孔加压、混合射流等方式，均可在一定条件下产生微纳米级的气泡。微纳米气泡气浮是一种高效的气-液相分离技术。在水处理领域，气浮技术的出现提高了高藻微污染水及低温低浊水的处理效果。微纳米气泡技术的应用能够减少气浮工艺的投药量、缩小设施规模、缩短运行时间并降低水处理的运行和维护成本，同时可以提高溶解性污染物的去除效率。

通常我们把气体在液体中的存在现象称作气泡。气泡的形成现象，随处可见，当气体在液体中受到剪切力的作用时就会形成大小、形状各不相同的气泡。目前，对气泡的分类按照从大到小的顺序可分为厘米气泡（CMB）、毫米气泡（MMB）、微米气泡（MB）、微纳米气泡（MNB）、纳米气泡（NB）（图3-10）。所谓的微纳米气泡，是指气泡发生时直径在10微米左右到数百纳米之间的气泡，这种气泡介于微米气泡和纳米气泡之间，传统气泡不具备微纳米的物理与化学特性。

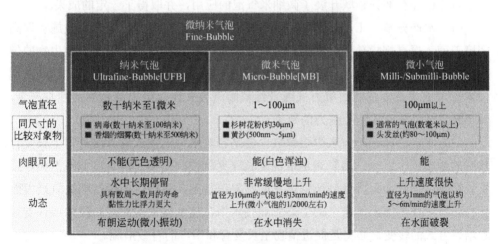

图3-10　纳米微气泡的分类及特点

1. 纳米气泡的特性

（1）高稳定性　因纳米气泡体积较小，所以在液体中受到的浮力相应也很小，从而表现出上升速度很慢的特性并在液体中停留时间较长。根据不同资料统计，气泡直径越小上升速度越慢。另外一种解释认为纳米气泡表面的OH^-控制它的稳定性（气泡的稳定存在与较高pH与高浓度OH^-有关系）。

（2）高Zeta电位　通常Zeta电位是测量胶体粒子与气泡之间的静电斥力或吸引力的数值，用来表示水中悬浮颗粒物的稳定性。在工程应用中气泡的Zeta电位是一个重要的因素，它决定了气泡与油滴或固体颗粒等其他物质的相互作用。气泡的长期稳定性可以通过Zeta电位来预测，Zeta电位越高气泡的稳定性越好。气泡的体积大小直接影响它表面形成的Zeta电位，气泡体积越小，界面处产生的Zeta电位越高。Zeta电位一般为负，大小随引入气体的类型而变化。氧气产生纳米气泡的Zeta电位一般在-45mV至-30mV，而空气纳米气泡的Zeta电位一般在-20mV至-17mV。

（3）高传质效率　纳米气泡具有比表面积大和停滞时间长的特点，因而其具有较高的传质效率。水处理工艺设计的原则之一即为提高气液两相转移速率来提高处理工艺效率。

（4）产生羟基自由基（·OH）　因纳米气泡内部压力越大其体型越小，所以纳米气泡破裂时会形成一个高压点。当微气泡破裂后会产生大量自由基（气液界面会产生·OH）。自由基对尾水中的污染物有较强的氧化去除作用。

2. 微纳米气泡的应用

目前已经有部分领域开展了微纳米气泡的应用，并取得了一定的成果。

（1）水产养殖　工厂化循环水养殖模式主要是通过集约化手段和设施实现高密度养殖，提高规模效益。在这种模式下，保持较高的溶氧水平对养殖生物的健康和生长是非常重要的，涉及生产安全管理。从现有文献报道看，未来超细微泡技术有可能代替传统的增氧方式或者纯氧曝气方式，有望提高鱼的活性与产量，甚至起到增强养殖生物免疫力的效果。

（2）水培植株栽培　水中溶解氧含量是影响水培植物或者喜湿植物生长发育状况的重要因子之一。溶氧充足植株生长速度就快，相反，溶氧度低不但会导致生长缓慢，而且如果降低到所需溶氧的临界值之下，甚至会导致植株缺氧烂根而死亡。所以在生产上，未来的生态农业技术中，超细微气泡配套新技术或许支撑起增氧方式的转变，必将是促进植物生长发育和增产的有效措施。

用微纳米曝气、鼓风曝气和无曝气做植物浮床水质净化实验对比研究，发现微纳米曝气浮床对水体COD、TN和TP的去除率分别提高19.95%、13.35%、21.72%、18.20%（与无曝气浮床对比），而鼓风曝气组居中，分别达到8.23%、5.64%、10.61%、10.53%。还有文献表明，微纳米气泡可促进水生植物如黄菖蒲、凤眼莲、伊乐藻等生长和吸收水中氮磷营养盐。这为养殖尾水处理和黑臭水体治理提供了实验基础，并有待下一步开展工程现场研究。

（3）生态修复　由于微纳米气泡在水中停留时间长，有充足时间把内部气体溶解到水中。因而，可以提供较多的活性氧提高水中生物的新陈代谢。当向被污染的水域中通入微纳米气泡时，气泡内溶解氧会源源不断向水中补充活性氧，改善缺氧环境，加速水中生物对水体及底泥中污染物的生物降解过程，有改善水质和消减底泥量的功效，实现生态修复。

（4）污水处理　微纳米气泡是粒径较小（大部分是小于50μm）的极细微气泡，不仅比表面积很大，而且表面电荷产生的电位高，因此可以与絮凝工艺联用，对悬浮物和油类有良好的吸附和去除效果，对COD、总氮及总磷也具有较好的去除效果。另外，产生的羟基自由基，可氧化分解很多有机污染物。可与其他手段进行协同作用，如紫外线、纯氧以及臭氧等，以更好地发挥对废水中有机污染物的氧化分解作用，在水产养殖废水处理中去除农药抗生素等物质有着较好的应用前景。

3. 微纳米气泡发生技术

对常用的微纳米气泡发生技术、原理和特点进行比较，列于表3-1。

表3-1　微纳米气泡发生技术及其比较

名称	原理	特点	应用领域
高速旋回剪切+加压浮上式	以加压泵或溶气罐先将部分气体溶解于水中，并通过旋回剪切式微纳米气泡发生器来产生微纳米气泡	动力效率及气体溶解效率高 出水含氧量高，可达到超饱和状态 适用无水深限制 气泡直径：0～50μm 氧气利用率：100% 对水体无扰动，不产生上升流	水体供氧，化工，污水处理，杀菌，生态农业等
乱流剪切式	以气液混合高速射流的方式，将空压机注入或自吸进入的空气通过气液间乱流紊动产生的力学效果，将水中气泡微小化	动力效率及气体溶解效率高 结构简单，造价低 适用有水深限制 气泡直径：10～80μm 氧气利用率：40% 对水体扰动小，有少量上升流	水体供氧，污水处理，化工
加压浮上式	在压力条件下将气体充分溶解于水中，再通过减压后将溶于水中的气体以微纳米气泡的方式释放出来	气体溶解效率高 出水含氧量高，可达到超饱和状态 适用无水深限制 气泡直径：0～50μm 氧气利用率：100% 对水体无扰动，不产生上升流	固液的浮选分离，水体供氧，水处理
化学法	通过投入化学药品，利用其化合反应生成微纳米气泡	应用案例较少，无比较	特定种类污染处理，如土壤污染等

续表

名称	原理	特点	应用领域
电解法	利用水或其他物质电解产生微纳米气泡	能耗较大，产生气泡浓度低 无需外加气源 气泡直径不均匀 可同时生成2种类气体的气泡	教育科研实验，气浮设备
超声波法	在水中发生强力超声波，利用其音强引起的压力变动产生微纳米气泡		

四、高分子吸附技术

高分子吸附是一种通过加入高分子化学试剂吸附去除某些污染物的化学处理方法。通常高分子吸附剂分为碳质类复合高分子吸附剂、金属氧化物复合高分子吸附剂等。其中，碳质类复合高分子吸附剂包括氧化石墨烯复合材料、碳纳米管复合材料、活性炭复合材料。金属氧化物复合高分子吸附剂包括纳米氧化铝复合材料、纳米四氧化三铁复合材料、纳米二氧化钛复合材料。纳米材料因其较高的比表面积，较强的吸附性能，在重金属离子水污染防治中广受重视，并且取得了一系列的研究成果。开发廉价、吸附性能好、易加工的高分子吸附材料，是目前研究的方向。用高分子吸附剂去除尾水中的重金属离子（Cu^{2+}、Pb^{2+}、Cd^{2+}等），方法设备简单，高分子吸附剂可重复再生利用，无二次污染，是海水养殖废水处理中值得研究应用的技术。

第二节　化学处理技术原理与研究

化学净化技术主要是指通过化学反应和传质作用来分离、去除养殖尾水中呈溶解、胶体状态的污染物或将其转化为无害物质的尾水处理法。通过化学技术可以去除氨氮、亚硝酸盐、溶胶体、有机物等污染物，化学净化技术具有设备容易操作、容易实现自动检测和控制、便于回收利用等优点，该方法能迅速、有效地去除养殖废水中多种污染物，特别是生物处理法中不能有效去除的一些污染物，很多药剂还可以对养殖水体进行杀菌处理，可作为生物处理后的三级处理措施。然而，一般化学技术需要投加试剂，成本较高，运行过程中容易产生二次污染，而且其副产物对养殖生物的影响也有待评估，使它的发展一度受到限制。目前海水养殖尾水处理应用化学处理的技术主要包括化学混凝沉淀技术、化学氧化技术、紫外辐射技术、化学中和技术、高分子吸附、电化学技术等。

一、化学混凝与沉淀

水中的杂质按其性质可分为无机物、有机物和微生物三大类。按其在水中分散状态可分为悬浮物、胶体物和溶解物三类。悬浮物包括悬浊液、乳浊液及大多数微生物，其粒径范围在100nm以上，水中的悬浮物一般采用沉淀或过滤的方式去除。胶体物的粒径范围在1 ～ 100nm之间，属胶态分散系，溶胶微粒以溶胶态存在，一般采用添加絮凝剂的方式去除水中的溶胶态物质。溶解物包括低分子无机物、低分子有机物及其离子，属于分子—离子分散系，颗粒大小在1nm以下，以溶液形式存在于水中。

化学沉淀去除的对象主要是水体中一些溶解性离子，如Zn^{2+}、Cu^{2+}等，通过把某种化学药剂投加到废水中，使其与水中的一些离子发生反应生成难溶于水的盐类最终沉淀去除。使用化学沉淀法处理海水养殖废水时，应当注意：提高沉淀剂的投加量，可以提升尾水中离子的去除率，但投加的沉淀剂量也不宜过多，否则会产生相反作用，一般不要超过理论用量的20% ～ 50%；根据海水养殖废水的组成不同，选择不同的投加药和反应装置。有些药剂可以干式投加，而另一些则需要先将药剂溶解并稀释成一定浓度，然后按比例投加。

化学混凝所处理的对象，主要是尾水中的微小悬浮固体和胶体物质。相较于悬浮物和溶解物，尾水中的胶体物质去除难度更大。原因在于胶体物质结构较为复杂，它由胶核、吸附层及扩散层三部分组成。胶核表面有一层电位离子，是胶体粒子的核心，胶核因电位离子而带有电荷，且通过静电作用将溶液中与电位离子电荷总量相等且符号相反的离子吸引到胶核周围。故而在胶核周围介质的相间界面区域就形成了与胶核吸引力较强，且随之一起运动的内层（吸附层）和吸附力较弱不随胶核运动的外层（扩散层）。在吸附层与扩散层之间存在电位差，且电位越高，带电量越大，体系越稳定，沉降性越差，并无法通过过滤或沉淀的方式去除。要想去除水中的胶体物质，则需降低或消除胶体粒子带电量，破坏其稳定性，使胶体粒子相互粘连，形成易于沉淀的较大颗粒。

在养殖尾水处理中经常采用添加絮凝剂和助凝剂的方式，去除水中的胶体粒子。主要通过向海水养殖尾水中投加铝盐、铁盐等絮凝剂，使离子"脱稳"或通过吸附架桥作用促使微粒相互聚结，最终使离子凝聚下沉，从而实现去除水体中悬浮物的目的。最佳絮凝剂的投加量是主要问题，絮凝剂过量使用会对动植物的生长产生不利影响，投加量不足去除效果则不佳。最新研究发现，投加6g/L改性蛭石絮凝剂对磷的去除率可达到95.8%。

常用的絮凝剂主要包括铝盐，例如硫酸铝[$Al_2(SO_4)_3 \cdot 18H_2O$]、氯化铝（$AlCl_3$）及明矾[$Al_2(SO_4)_3 \cdot K_2SO_4 \cdot 12H_2O$]和铁盐，例如硫酸亚铁（$FeSO_4$）、硫酸铁[$Fe_2(SO_4)_3$]及三氯化铁（$FeCl_3 \cdot 6H_2O$）等两大类。而助凝剂主要是指在尾水处理过程中添加单一絮凝剂无法达到良好的处理效果时投加的辅助药剂，其本身不具有絮凝作用。常用的助凝剂主要包括调节或改善絮凝条件，如氧化钙（CaO）、氢氧化钙[$Ca(OH)_2$]、碳酸钠（$NaCO_3$）、碳酸氢钠（$NaHCO_3$）等碱性物质和改善絮凝结构的高分子助凝剂，如聚丙烯酰胺、活性炭及各种类型的黏土等。

近年，电絮凝技术（EC）作为一种综合利用物理化学方法处理海水养殖尾水的技术备受关注，该技术主要通过氧化还原、絮凝、气浮实现污水的净化，拥有净化尾水中有机污染物和杀菌消毒的双重功能。可以通过絮凝沉淀作用去除水体中的藻类，通过絮凝沉淀和气浮分离的方式去除海水养殖尾水中的悬浮颗粒物，以降低浊度和COD，通过电絮凝的吸附、絮凝沉淀作用脱氮除磷。电絮凝净水原理如图3-11所示。

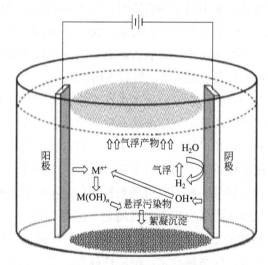

图3-11　电絮凝净水原理

二、化学中和

（一）酸、碱废水（或废渣）中和法

废酸废碱进行中和的过程中应注意酸碱废水的使用量。可根据当量定律定量计算：$N_aV_a=N_bV_b$，其中：N_a、N_b分别为酸、碱的当量浓度；V_a、V_b分别为酸、碱溶液的体积。中和过程中，酸、碱双方的当量数恰好相等时称为中和反应的等当点。强酸、强碱的中和达到等当点时，由于所生成的强酸强碱盐不发生水解，因此等当点即中性点，溶液此时的pH为7.0。但中和的一方若为弱酸或弱碱，由于中和过程中所生成的盐，在水中发生水解反应，因此，尽管达到等当点，但溶液由于生成盐的水解可能呈现酸性或碱性，而非中性，pH的大小由所生成盐的水解度决定。

（二）投药中和法

投药中和法是应用广泛的一种中和法。石灰是最常用的碱性药剂，有时也投加苛性钠、碳酸钠、石灰石或白云石等。选择碱性药剂时，不仅要考虑它本身的溶解性、反应速度、价格、二次污染、使用是否方便等因素，而且还要考虑中和产物的性状、数量及处理费用等因素。

（三）过滤中和法

一般适用于处理含酸浓度较低（硫酸<20g/L，盐酸、硝酸<20g/L）的酸性废水，对含有大量悬浮物、油、重金属盐类和其他有毒物质的酸性废水不适用。滤料可用石灰石或白云石，白云石硫酸允许浓度较石灰石高，但反应速度相对较慢，中和盐酸、硝酸废水，两者均可采用。中和含硫酸废水，宜采用白云石。

三、化学消毒

（一）化学试剂添加类

为防止病原微生物随水传播，在水处理过程中常采用加入化学药剂的方法对水进行消毒。在海水养殖过程中为预防和治疗病害发生常使用以下几类药剂对水进行消毒。

1. 含氯消毒剂

常见的含氯消毒剂有次氯酸钠、漂白粉、二氧化氯、氯胺-T、三氯异氰尿酸、二氯异氰尿酸钠、氯溴三聚异氰酸等。以次氯酸钠和漂白粉为代表的该类消毒剂主要通过在水中形成次氯酸，次氯酸根具有强氧化性。二氧化氯可迅速在水中溶解，释放出高纯度的二氧化氯气体，含有活性自由基，具有高度氧化能力，达到消毒杀菌的作用。含氯消毒剂的优点：水产上应用最多，市场巨大，作用范围广，能杀灭大部分细菌、真菌、病毒、寄生虫，见效快，使用成本较低。但其腐蚀性较强，对器具有腐蚀作用；有效氯与水体作用生成各种卤化物，同时氯制剂可与水体中的氨发生反应，生成氯胺，不但不能杀灭水中病原体，且浓度较高时，对水生生物还有毒副作用，对病毒杀灭效果不佳。

2. 含碘消毒剂

常见的含碘消毒剂有碘、碘伏和聚乙烯酮碘（PVP-I）等。碘可氧化病原体胞浆蛋白的活性基团，并能与蛋白质结合，使巯基化合物、肽、蛋白质、酶、脂质等氧化或碘化，从而达到杀菌的目的。含碘消毒剂亦为广谱消毒剂，可不同程度杀灭大部分细菌、真菌和病毒，可用于水生生物细菌性疾病和病毒性疾病的防治，安全无刺激，还可用于鱼卵的药浴消毒、苗种浸浴。其优点是杀菌广谱，效果好，安全性高，刺激性小，无异味。但是其不能杀灭芽孢，对光敏感，易受有机物干扰，无鳞鱼及冷水鱼等对碘敏感的鱼慎用。

3. 季铵盐类消毒剂

常见的季铵盐类消毒剂有新洁尔灭、氯乙定、度米芬、消毒净、百毒杀等。季铵盐类消毒剂是一类阳离子表面活性剂，具有亲水性、吸附性和表面活性。带正电荷的阳离子被带负电荷的细菌选择性吸附，通过改变细菌细胞壁的通透性，进入细胞内部后，使细胞酶钝化，引起蛋白质变性而达到杀菌的作用。优点：杀菌浓度较低，毒性与刺激性低，比如双链季铵盐类多用于抗应激能力差或对水环境要求严格的特种水产和一般水产的苗种阶段。缺点：对部分微生物效果不好，特别是对某些病毒；价格较贵；配伍禁忌较多。

4. 过氧化物类消毒剂

过氧乙酸、过氧化氢、过氧化钙、臭氧等。臭氧是一种清洁、有效的氧化剂，能有效氧化、去除水体中的大部分有机物和无机物。其可直接与细菌、病毒作用，破坏其细胞膜、细胞器、核酸等，导致细菌死亡。优点：杀菌彻底，无残留，杀菌广谱。缺点：具有毒性，对人体呼吸道黏膜有刺激作用，还会引起疲倦、头痛等。其在饮用水消毒中已经被大量使用，但是在源水中有溴离子存在的情况下，会与溴离子结合产生溴酸根，溴酸根是潜在致癌物，所以要将臭氧消毒应用在海水中，如何控制溴酸根是个很重要的课题。

（二）紫外杀菌灭活技术

紫外杀菌灭活技术也是一种常见的消毒方法。紫外光在消毒过程中具有绿色环保、耗能少、消毒过程中不产生其他有害产物等特点，其操作简便，效果好，广谱性好。然而现在常用的紫外光源大多是汞灯或氙灯，灯管寿命有限，而且紫外光的灭菌效果受水透明度和作用距离影响，现在传统用的汞灯破裂易污染环境。紫外消毒广泛应用于水处理领域，分为直接和间接两种机制，直接机制是指紫外光穿透细胞壁、细胞膜和细胞质直接被核酸吸收；间接机制指细胞内外的光敏物质吸收紫外光产生自由基氧化细胞膜、蛋白质、核酸和其他细胞物质来杀灭细菌。

UV-C对DNA的破坏机理被用于紫外线杀菌灯。自然和人工的紫外线（波长190～400nm）可能通过直接或者间接地改变核酸，从而破坏微生物。直接损害是由于DNA吸收辐射形成光化产物的结果。DNA在紫外辐射的C线范围内（190～280nm）吸收量很大，但是在紫外辐射B线范围内（280～320nm）将会下降三个数量级，在紫外辐射A线范围（320～400nm）内可以忽略不计。灭菌灯就是利用了紫外辐射C线对DNA的破坏效果。水银蒸汽低压灯发出的253.7nm的单色光大约集中了其输出能量的85%，这就是为什么选择波长在250～270nm的紫外线才能达到较好的灭菌效果。与低压灯相比，中压灯具有更高的输入功率、更高的汞蒸气压和更宽的光谱，中压灯最大的优点是每单位弧长有很高的特定紫外线通量，缺点是在UV-C波段范围输出量较低（约占5%～15%，取决于灯的类型），灯管的寿命也较短。UV-C辐射DNA引起损伤，最常见的两种损伤是环丁烷嘧啶二聚体和嘧啶（6-4）嘧啶酮光产物，一旦嘧啶残基共价结合在一起，核酸的复制就会被阻断，或者导致突变的子细胞无法增殖。中等剂量的紫外辐射用于水体消毒，处理后的水中不会残留有毒物质。虽然化合物可以被辐射改变，但是用于消毒的紫外线剂量过低，无法产生大量的辐射产物。当紫外线杀菌作为水产养殖设施水体消毒的首选方法时，这种无毒性是至关重要的。紫外线照射装置通常用于陆基养殖场的进水消毒，也用于循环水系统的细菌控制。然而，在紫外线剂量到达目标生物之前，它必须能够通过水传播足够远。在RAS中，紫外线通常需要通过高浊度或高色度的水体，这种情况下紫外线装置是完全无效的，因为它透过水体的传播距离非常小，几乎不会杀死任何生物体。因此，应确定待消毒水体的最低预期紫外线透射率，并用于预测需要产生多大的紫外强度，才能在目标生物体和光源之间通过水传输足够多的紫外照射剂量以杀死生物体。目前，在海水养殖尾水的处理中较少使用紫外杀菌灭活技术。紫外辐射装置一般用于养殖小鲑鱼的水场的海水以及淡水的消毒，也用于在循环系统中控制细菌。

四、化学氧化

化学氧化处理技术可利用氧化剂的氧化性能，使污染物氧化分解，转变成无毒或毒性较小的物质从而消除水环境中的污染物。强氧化剂能把废水中的有机物逐步降解为简单的无机物，也能把溶解于水中的污染物，氧化为不溶于水又易于从水中分离的物质。氧化法常用的氧化剂包括氯类（气态氯、液态氯、次氯酸钠、次氯酸钙、二氧化氯等）、氧类（空气中的氧、臭氧、过氧化氢、高锰酸钾等）、Fenton试剂等。几种氧化剂的氧化还原电位列于表3-2中。

表3-2　几种氧化剂的氧化还原电位

氧化剂	氧化还原电位（氢标）/V
氟	2.87
烃基自由基	2.8
原子氧	2.42
臭氧	2.07
过氧化氢	1.78
高锰酸钾	1.67
二氧化氯	1.50
氯	1.36
氧	1.23

（一）臭氧氧化技术

臭氧（O_3）氧化法是水产养殖尾水化学处理主要的方法之一。臭氧，在常温常压下是一种不稳定、具有特殊刺激性气味的浅蓝色气体，氧化性极强，氧化还原电位（ORP）为2.07V，仅次于F_2（2.87V）。臭氧的标准电极电位除低于氟以外，比过氧化氢、高锰酸钾、二氧化氯、氯等氧化剂都高，在实际应用中主要利用臭氧的高标准电极电位特性，可以有效杀灭海水养殖尾水中的大部分致病微生物，氧化并降低水中硫化物、总氨氮、亚硝酸盐、有机物等污染物质，增加有机物的生物可降解性，促进固体物质去除，控制藻类等，并且氧化后产生氧气，清洁无污染。臭氧氧化过程可以是以直接氧化的形式与有机物迅速反应，也可与水基质反应产生羟基自由基（·OH）间接地氧化大多数有机化合物。

臭氧在海水养殖系统中可以有效地降解水体中有色物质，氧化养殖水体中累积的氨氮、亚氮，减少有机碳含量、降低COD浓度。

1. 氧化有机物

养殖水体中存在大量溶解性有机物如腐殖质（腐植酸、氨基酸、羧酸、糖类等），使水体呈现黄色或褐色。臭氧可氧化海水养殖尾水中的这些有机物使水体呈现透明色。另外臭氧的加入也可增强溶解性有机物的微絮凝和沉淀作用从而提高系统的过滤效果，减少循环水系统中SS和COD的累积。最新研究还探讨了臭氧氧化作用对颗粒去除的促进作用。研究发现在臭氧处理RAS海水过程中，发现了颗粒的絮凝和破裂，这导致了粒径分布（PSD）的变化，从而促进水中悬浮固体的去除。臭氧剂量为3.5mg/L，接触时间为5分钟时，最佳絮凝效率为43%。

2. TAN去除

臭氧可以直接将TAN氧化成硝氮，其反应方程式为：

$$4O_3+NH_3 \rightarrow NO_3^-+4O_2+H_3O^+$$

但是，此反应的反应速率常数在pH低于9.3时非常低。海水养殖尾水的pH（一般为6.8～8.4）不利于TAN的直接氧化，而臭氧的加入会改变海水养殖尾水的化学成分，促进生物滤器中自养微生物（硝化细菌）的氨氧化作用和硝酸化作用，提高生物滤器TAN的去除。此外，臭氧能够氧化生物难以降解的有机物，提高尾水的生物降解性，使难降解有机物转化为能被非自养微生物同化的有机分子而从水体中去除。

3. NO$_2^-$-N去除

与TAN的氧化反应速率不同，臭氧直接将NO$_2^-$-N氧化为硝氮：

$$NO_2^-+O_3 \rightarrow NO_3^-+O_2$$

养殖尾水中加入臭氧，与不投加臭氧的系统相比，可显著降低海水养殖尾水中NO$_2^-$-N水平。

不过，虽然臭氧消毒对养殖尾水处理具有较好的效果，但是在海水中有溴离子存在的情况下，臭氧会与溴离子结合产生溴酸根（BrO$_3^-$），BrO$_3^-$是潜在致癌物，而且其在海水中，性质很稳定，高浓度的积聚可能会对养殖生物造成慢性毒性作用。溴酸盐主要存在于臭氧基的高级氧化过程中，溴化物通过与臭氧和·OH反应氧化而形成，因为臭氧和·OH可以同时或依次作用于氧化过程。臭氧氧化过程中溴酸盐形成的简单机理如图3-12所示。众所周知，减少臭氧剂量可以降低溴酸盐的产量。此外，臭氧氧化中H$_2$O$_2$的存在也有利于减少溴酸盐的生成。同时，对于养殖尾水中含有氨氮和亚氮等还原性物质的存在，能否优先形成溴酸盐有待进一步研究。

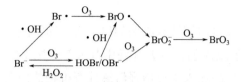

图3-12 溴酸盐的生成简化示意图

除了在臭氧氧化过程中会出现副产物，不同养殖生物对臭氧的耐受程度不同，同一养殖生物在不同环境、不同时期下，对加入臭氧的水质条件的适应性也各不相同。因此确定合适的臭氧添加量在海水尾水处理应用中极为重要。有报道发现，在应用臭氧时，养殖对象因臭氧添加过量而大批死亡的事件时有发生。这是由于臭氧在海水中的应用研究相对较少，导致一些养殖企业对养殖对象的属性（对臭氧的耐受程度）以及臭氧的应用技术了解甚少。王兴国等研究发现臭氧量为1.0g/h时，残留氧化物对养殖水环境有极好的改善作用。

在工程现场，臭氧主要通过臭氧发生器制造产生，需现场制造，工艺设施主要由臭氧发生器和气水接触设备组成。

（二）光化学氧化技术

光化学氧化技术主要是指在自然或人工光照作用下进行的化学反应，使有机物发生降解作用。因其可产生氧化还原性的自由基和电子，促使有机物分子在吸收光能后转变为激发态而发生一系列的反应，在去除各类污染物包括有机物、硝酸盐等方面都受到关注，成为新兴的处理污水的技术。有机物的光化学转变过程可以分为直接光解与间接光解。直接光解主要是指有机物吸收紫外线后，直接与水中自身或其他组分相互作用而发生的分解反应。间接光解是指在水溶液中产生的过氧化氢、自由基等光氧化剂作用下发生的光降解反应。最新研究探讨了光降解去除养殖水中抗生素尿酮（OXA）的效果，结果表明，OXA在超纯水中光降解最快，光降解速率常数为0.70/h±0.02/h；淡水养殖废水中降解速率稍慢，光降解速率常数为0.42/h±0.01/h；在微咸水和海水中降解速率最慢，降解速率常数为0.172/h±0.003/h，受盐度和水体中溶解性有机物的影响。

纳米材料TiO_2作为高效的光催化氧化剂，研究发现利用TiO_2可使养殖水体中的病原微生物失活，包括细菌、病毒、藻类。最新研究通过将氧化锌（ZnO）和碳纳米管（CNT）纳米粒子涂上氧化铁（Fe_3O_4），以形成磁性纳米粒子，利用这些颗粒净化养殖废水，对水中硝酸盐、磷酸盐、BOD_5、TDS、大肠菌群 MPN、铜、铬等均有一定去除作用。因此，纳米技术具有巨大的潜力，可以通过新型纳米工具改善水产养殖。但由于 TiO_2 光催化复合膜制备工艺复杂、价格昂贵等方面的原因，光催化分离膜目前尚难以实现大规模的工业化生产和应用。

（三）组合高级氧化技术

高级氧化工艺的特点是在特定反应条件下产生和使用·OH，将化学污染物、细菌、病毒等氧化和杀灭。目前，常见的高级氧化技术包括光催化、芬顿反应等。光催化氧化对抗生素和抗性基因去除率较高，是高级氧化技术中最常用的方法。与其他消毒方式相比，高级氧化技术对海水养殖尾水中有机污染物及病原菌的去除和杀灭效果较好，但需额外添加催化剂，成本高于紫外消毒和氯化消毒等消毒技术。

在上述海水养殖尾水控制中常见的高级氧化技术基础上，通过组合可以产生新的高级氧化技术。O_3/UV、O_3/H_2O_2、$O_3/TiO_2/UV$、$O_3/H_2O_2/UV$、H_2O_2/UV、$H_2O_2/TiO_2/UV$ 等基本氧化过程组合都可产生羟基自由基，这些高级氧化过程有着各自的特点。

紫外线与臭氧结合是一种常见的高级氧化技术，可以加速臭氧的分解并促进·OH 的生成，反应如下面的公式所示。

$$O_3+H_2O \xrightarrow{hv} O_2+H_2O_2$$
$$H_2O_2 \xrightarrow{hv} 2 \cdot OH$$
$$2O_3+H_2O_2 \xrightarrow{hv} 2 \cdot OH +3O_2$$

与传统臭氧氧化相比，臭氧/紫外线（O_3/UV）可以显著地增强 H_2O_2 的生成。据报道，臭氧/紫外线处理可以 5 分钟内降解超过 90% 的臭氧，与单一臭氧处理相比，使用相同的臭氧剂量，臭氧/紫外线处理量可以增加约 22%～43%。此外，在臭氧体系中使用 UV 不仅可以促进臭氧的快速分解，缩短臭氧的寿命，而且还可以通过生成 H_2O_2 来淬灭次溴酸（HOBr，溴酸形成的主要中间体），可在处理含溴水时比单一臭氧化生成更少的溴酸盐。同时，与单独臭氧处理相比，臭氧/紫外线也能更好去除 N-亚硝基吡咯烷和毒性。例如，在臭氧投加量为 0.3～1.0mg/L 时，O_3/UV 比单独使用 O_3 去除 N-亚硝基吡咯烷的效果提高了 21%～41%。O_3/UV 去除 2,5-二氯酚的速率常数比单独 O_3 处理的速率常数高出 1.5 倍以上。因此，与单独 O_3 处理相比，O_3/UV 可以更有效地减少耐臭氧的有机污染物，并产生更少的有毒副产品。

最新研究发现，高级氧化技术UV/H_2O_2可高效去除污水中15种痕量有机物，UV为800MJ/cm^2、H_2O_2为10mg/L时，对光易敏感的有机物（如双氯芬酸、异丙胺和磺胺甲恶唑）、中度敏感的有机物（如克瑞巴唑、曲马多、索他洛尔、西酞普兰、苯并三唑、文拉法辛）及光不敏感有机物（如普米酮、卡马西平和加巴喷丁）的去除率分别可达90%、49%和37%，去除的稳定性与羟基自由基、水质参数DOC、NO_3^-、NO_2^-、HCO_3^-有关。蛋白分离器分别和臭氧（O_3）、紫外线（UV）、过氧化氢（H_2O_2）联用时对微藻具有去除效果，通过序批式实验发现蛋白分离器与UV联用对微藻的去除效果没有明显的提高；与H_2O_2和O_3组合使用时，去除效果明显增加，基本所有添加的微藻都被去除。使用低剂量臭氧时，可在12h内完全去除微藻，而当使用高臭氧剂量时，超过75%的藻类会在7h内去除。

五、电化学

电化学法被认为是一种清洁、安全的水处理方法，在处理海水养殖废水方面有着独特的优势，是近年来新兴的一种海水养殖废水处理方法。运用电解的原理在电极的阴、阳两极上分别发生还原和氧化反应，使养殖废水中的氨氮等污染物转化成为无害物质，实现净化养殖废水。通常在电解槽内装有极板，由普通钢板制成。电解槽按极板连接电源的方式分单极性和双极性两种。通电后，在外电场作用下，阳极失去电子发生氧化反应，阴极获得电子发生还原反应。当废水流经电解槽，分别在阳极和阴极发生氧化反应和还原反应，使得养殖废水中的有害物质被去除。电解法处理养殖废水只需使用低压直流电源，不需要消耗使用化学试剂；操作及管理简便，可以根据废水中污染物浓度的变化调整电压和电流，保证出水水质稳定；处理装置占地面积较小。此技术的缺点是成本较高，处理废水时电耗和电极金属的消耗量较大，分离出的沉淀物质不易处理利用。

（一）EC技术的原理

近年来，电絮凝（Electrocoagulation，EC）技术作为一种绿色环保的水处理技术备受关注，已逐步应用于海水养殖尾水处理中。其原理是阳极（Al或Fe）在外加电场的作用下释放具有絮凝特性的金属阳离子（如Al^{3+}、Fe^{3+}等），这些阳离子能够在水中形成絮凝剂，从而吸附、絮凝水体中的污染物，达到净化污水的作用。EC技术主要通过电氧化还原、电絮凝、电气浮作用来处理污水，此外在EC过程中还会发生电性中和、电泳迁移、吸附等反应。EC技术净水的原理如图3-13所示。

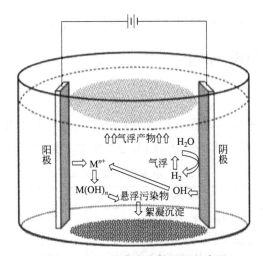

图3-13 EC技术净水的原理示意图

1. 电氧化还原

反应过程中，电极上会发生氧化还原作用。水体中的污染物在阳极表面失去电子发生电氧化作用，或者污染物被反应过程中产生的活性物质（活性氯、O_2^-和·OH自由基等）氧化而发生电氧化。污染物直接在阴极表面得电子，或污染物中的阳离子在阴极获得电子而发生电还原作用，使得污水中的高价阳离子或低价金属离子被还原为低价阳离子或金属沉淀物。

2. 电絮凝

污水中的污染物表面带有一定的电荷，因为存在静电斥力的原因这些污染物不易相互聚集在水中，处于分散的状态。而EC处理污水时会向水体中释放许多金属阳离子（Al^{3+}、Fe^{3+}、Fe^{2+}），这些金属离子会在水体中生成带电荷的水合离子使水中的污染物脱稳重新凝聚。另外，EC产生的金属阳离子能够在水中生成一系列含有羟基的高分子聚合物，这些聚合物能够通过吸附、絮凝、网捕-卷扫等作用用除去污染物。

3. 电气浮

EC过程中阴极会产生H_2，H_2气泡的直径为$17\sim50\mu m$，这些气泡具有表面积大、尺寸小、浮载能力强、浮升条件好等优点。H_2的气泡在上浮过程中会吸附在污染物表面，将污染物带至水体表层通过物理分离技术去除。H_2气泡上浮的过程中主要经历3个过程：微气泡之间聚并、中等气泡聚并微气泡、大气泡聚并中等气泡和微气泡。另外，实现电絮凝气浮需要3个基本条件：阴极产生足够的微气泡，这与电流密度有关；待分离的颗粒处于悬浮状态；悬浮物与微气泡之间充

105

分接触并能够黏附，这是由静电吸附、化学键及分子间范德华力引起的。

（二）EC技术的影响因素

1. 阳极材料

EC处理海水养殖废水过程中产生的絮凝剂的类型主要取决于阳极材料。目前最常用的阳极材料是Al和Fe，其在EC过程中的主要反应如表3-3所示。

表3-3 电絮凝电极主要反应

阳极／阴极材料		Fe阳极	Al阳极
阳极	碱性条件	$Fe(s)-2e^- \rightarrow Fe^{2+}(aq)$ $Fe(s)-3e^- \rightarrow Fe^{3+}(aq)$	$Al(s)-3e^- \rightarrow Al^{3+}(aq)$
		$Fe^{2+}(aq)+2OH^-(aq) \rightarrow Fe(OH)_2(s)$ $Fe^{3+}(aq)+3OH^-(aq) \rightarrow Fe(OH)_3(s)$	$Al^{3+}(aq)+3OH^-(aq) \rightarrow Al(OH)_3(s)$
	酸性条件	$4Fe^{2+}(aq)+10H_2O(l) \rightarrow 4Fe(OH)_3(s)+8H^+(aq)$	$Al^{3+}(aq)+3H_2O(l) \rightarrow Al(OH)_3(s)+3H^+(aq)$
阴极		$2H_2O(l)+2e^- \rightarrow H_2(g)+2OH^-(aq)$	$2H_2O(l)+2e^- \rightarrow H_2(g)+2OH^-(aq)$

EC过程中，Al或Fe作为阳极在处理海水养殖水体中主要存在以下区别：

（1）pH不同　相比Fe电极，Al电极作牺牲阳极时处理后养殖水体pH的变化更小。Harif et al.利用EC处理污水，研究发现Al作为阳极时处理后的水体pH稳定在7.0～8.0。以Fe作为阳极时，EC处理后水体的pH在9.0～10.0。

（2）氧化作用和絮体的结构不同　EC过程中，Fe作为阳极时会产生具有氧化功能的Fe^{2+}，而Al作阳极时产生的Al^{3+}不具有氧化性。另外，Fe作为阳极时产生的絮体的结构紧凑致密不易破碎，络合速度快；而Al作为阳极时产生的絮体结构松散稀疏，络合速度慢但吸附絮凝能力强。

（3）对水体的溶解氧浓度的要求不同　Fe作阳极时，水体溶解氧低的情况下会产生大量的$Fe(OH)_2$，$Fe(OH)_2$可溶性较高，导致EC的效果变差；而Al作牺牲阳极时对水体溶解氧的要求不高。

徐建平等将电絮凝技术应用于凡纳滨对虾RAS时发现，相比Fe电极，Al电极作阳极时EC产生的絮体的生长速率大、强度因子小但恢复因子高。采用Al-Fe组合电极作为阳极，系统的处理能力更强，最佳阳极组合为3Al+Fe。随着HRT的增加和过滤孔径的减小，EC对过滤设备的增强作用更为明显。当电流密度为19.22A/m²、阳极为3Al+Fe、HRT为4.5min、过滤孔径为45μm时，系统对弧菌总数、化学需氧量（COD_{Mn}）、总氨氮（TAN）、亚硝酸盐氮（NO_2^--N）、硝酸盐氮（NO_3^--N）、总氮（TN）、总磷（TP）、磷酸盐（PO_4^{3-}-P）的去除效率分别为69.55%±0.93%、48.99%±1.42%、57.06%±1.28%、34.09%±2.27%、

$18.47\% \pm 1.88\%$、$55.26\% \pm 1.42\%$、$49.69\% \pm 1.42\%$、$92.81\% \pm 1.66\%$，能耗为$(26.25 \pm 4.95) \times 10^{-3} \mathrm{kW \cdot h/m^3}$。

2. pH

pH能够影响絮体的结构，从而影响EC对污染物吸附和絮凝能力。水体的pH为弱碱性或中性的条件下，EC产生的絮体的混凝和吸附效果更好。由于EC产生的絮凝剂主要是含有羟基的高分子聚合物，在pH较低的情况下效果较差，主要通过电性中和作用使污染物脱稳沉降。杨菁等在pH为3.0～9.0的范围内利用EC-气浮法来处理养鱼产生的废水，其研究发现在pH为6.7～7.8时处理效果最佳。pH还能够影响EC对溶解态污染物的去除效果。Sun在利用电氧化-电絮凝技术处理养殖尾水时，发现在pH为3.0～11.0时系统对氨氮的去除效率随着pH的升高而增加，在碱性的条件下系统对磷酸盐的去除效率降低。Saleem利用EC处理海水养殖水体中的NO_2^--N，研究发现在pH为4.0～9.0的情况下，随着pH的增加系统的处理效率下降。一般情况下，鱼类养殖水体中的pH在6.5～8.5范围内波动，在此条件下EC能够发挥较好的处理作用。

3. 极板间距

极板间距会影响EC反应器中电场及流场的分布，从而影响EC在水处理中的工作效率。小的极板间距会在一定程度上提高板间传质速率，增加絮凝剂与水体中污染物的反应速率。而且极板间距与EC的能耗息息相关，两者呈正相关。板间间距增加，系统的电阻和电压也会随之增加，从而增加了EC的能耗。然而，极板间距并非越小越好，间距过小会增加流体压损，同时增加施工的难度而且容易造成阻塞和短路，存在一定的安全问题。当极板间距小于1.0cm时，阴极易钝化附着一层白色不溶物，从而增加能耗。目前，研究表明极板间距在1.0～1.5cm最有利于EC的操作。

4. 电流密度

电流密度是流经单位面积电极板的电流，其决定EC过程中絮凝剂的产量及H_2的生成速率。电流密度是EC反应器最重要的运行参数之一，其甚至可以作为EC的调控机理进行相关研究。实际生产过程中EC反应器电流密度的选择与污染的种类、数量及运行成本有关。一般情况下，EC反应器的电流密度建议控制在20～25A/m²。电流密度过大会产生过量的金属离子使脱稳的胶体再次处于分散的状态，而且电流较大时会加剧电极钝化，缩短电极的使用寿命。另外，研究表明EC过程中较高的电流密度会导致次级反应的发生，选择合适的电流密度对提高EC的处理效率、降低能耗十分关键。

（三）EC技术在养殖尾水处理中的应用

1. 除藻

EC能够用于藻类的收集和去除。在养殖尾水的处理过程中，EC会破坏藻类的细胞膜，然后通过絮凝作用将藻类分离。高珊珊利用EC-电气浮技术处理水中的铜绿微囊藻，研究发现除电絮凝和电气浮的作用外，还能够通过电场和电解产生的有效氯杀灭水体中的藻类。彭泽壮等利用$MgCl_2$-EC技术处理养殖水体发现该技术对藻类的去除率达到95%。Vandamme利用电絮凝－电气浮技术收集微藻，研究发现在电流密度为3.0 mA/cm^2的条件下处理30min，微藻的收集率在90%以上。刘洋等和白晓磊等研究发现EC技术能够很好地收集海水中的小球藻，收集率可达80%。

2. 去除COD和浊度

EC能够在养殖水体中形成絮凝剂吸附、絮凝水体中的悬浮物，再通过其他物理手段（如沉淀池、气浮分离、机械过滤）去除养殖过程中产生的悬浮物，从而降低水体中的COD和浊度。杨菁等利用EC处理养鱼废水中的COD（浓度为85mg/L），研究发现在电流密度为2A/m^2的条件下处理30min，系统对COD的去除率为65%。王树勋等利用EC处理人工养殖尾水中的COD和浊度时，在Al作阳极、电流密度为0.8A/m^2的条件下处理10min，COD和浊度的去除率均在80%以上。Igwegbe利用EC技术处理养鱼尾水（浊度为328 NTU），研究发现在Fe作为阳极、电流为2.4A、处理12min、静止沉淀30min的条件下，水体浊度去除率约为91.84%。另外，EC过程中还会产生许多活性氧化物质，如活性氯、O_2^-和羟基自由基等，这些活性物质能够降低养殖水体中的COD。

3. 脱氮除磷

EC技术能够去除养殖尾水中的TAN和NO_2^--N。TAN和NO_2^--N主要在EC的氧化作用下转化为NO_3^--N，其转化效率随EC电流密度的增加而增加。NO_3^--N会在EC的还原作用下被转化为含N气体（如N_2）。研究发现利用EC去除TAN和NO_2^--N的过程中，相比Al电极，Fe电极作阳极时系统的处理能力更强。Saleemet将EC技术用于养殖水体中NO_2^--N的去除，在电流密度为3.0mA/cm^2的条件下以Al作为阳极处理20min，系统对NO_2^--N的去除率为73%，相同条件下以Fe作为阳极去除率达到92%。EC过程中养殖尾水中的磷主要依靠絮凝剂的吸附、絮凝作用从水体中去除。相同条件下，相比TAN和NO_2^--N，EC对磷的去除率更高、能耗更低。

4. 消毒灭菌

EC能够通过以下几个方面去除水中的病菌：①电极、电场的作用。电极能够吸附并杀死部分病菌，另外电场会破坏病菌的细胞膜。②絮凝剂的吸附、絮凝及电性中和作用。养殖水体中的部分细菌会附着在悬浮有机颗粒物上，这部分细菌在电絮凝过程中会随着悬浮物的分离被去除；游离的病菌也会在絮凝剂的吸附、絮凝作用下被去除。EC过程中产生的带电离子能够中和病菌表面的电荷，减少静电排斥从而形成絮凝物被去除。③活性物质的作用。EC过程中会产生许多具有杀菌能力的活性氧化物质，如·OH、O_2^-、Cl_2等。

杨菁等利用电絮凝-电气浮技术处理养鱼产生的尾水（细菌数量为$1.5 \times 10^4 \sim 3.7 \times 10^4$CFU/mL），在以Al作阳极、电流密度为20A/m^{2}的条件下EC处理20min，细菌的去除率达90%以上。Ricordel利用EC对养殖尾水进行消毒，研究发现细菌主要在电絮凝的絮凝作用下去除，在以Al作阳极、电流强度为0.22A的条件下EC处理35min，去除效率为97%。Ndjomgoue利用EC技术对人工海水养殖尾水进行消毒，研究发现Fe阳极要优于Al阳极，在电流密度为12.5mA/cm^{2}的条件下细菌的去除效率为100%。Hakizimana利用EC技术对受污染的海水消毒，在以Al作阳极、电流密度为5.6mA/cm^{2}的条件下EC处理10min，细菌的去除率达80%以上。

（四）EC技术与其他水处理技术的耦合应用

1. EC技术与物理过滤技术耦合应用

EC与其他水处理技术结合用于污水处理，可以提高处理效率。EC能够向水体中释放絮凝剂，从而增加水体中悬浮物的粒径，其与物理过滤技术结合能够提高过滤设备的过滤能力。EC-过滤技术作为一种新型的水处理技术，近年来受到人们的关注。Li et al.研究了电絮凝-纤维过滤技术在垃圾渗滤液中的应用，发现电流强度为1.0A、絮凝剂注入量为9.14mL/min时，其对COD的去除效率可达94%。梁言等利用电絮凝-超滤工艺去除源水中的有机物，研究发现TOC的去除率可达71%。李梦琪等利用电絮凝-膜分离反应器处理含铬废水，在电流密度为55A/m^2、初始pH=3、HRT为20min的条件下，系统对总Cr的去除率达到99.2%。Zhu et al.将电絮凝技术与微滤技术结合去除水体中的病毒，其研究发现联合处理技术对噬菌体的去除能力比单独利用电絮凝技术的去除能力要强。目前电絮凝-过滤技术已经应用于各种污水处理领域，根据污染物的类型和特性，过滤的方式也呈现多样化，有超滤、纳滤、微滤等。但电絮凝-过滤技术在海水养殖废水的处理应用方面研究较少。海水养殖废水中的藻类、微细悬浮颗粒物较多，电絮凝-过滤技术能够充分发挥其优势。循环水养殖作为海水养殖业绿色健康发展的重要方向之一，水处理能力是其应用、推广的重要保证。在循环水养殖的过程中，可以利用电絮凝技术提高系统对养殖废水的过滤能力，降低后续水处理单元的处理负荷，从而提高系统的水处理能力，降低能耗。

2. 电絮凝技术与微生物法水处理技术耦合应用

近年来，出现了许多新型且有效的水处理技术，如生物电化学系统（BES）。EC 技术与微生物法相结合处理污水是 BES 的一种，也是电化学应用的前沿热点之一。BES 中牺牲阳极产生絮凝剂能够提高微生物吸附底物的能力，铁离子还能够改善污泥特性；电场能够增加物质的传递，从而增强系统的水处理效率；另外，BES 可以提高电子利用率并减少碳源的使用。将 EC 技术（以 Fe 作为牺牲阳极）与 SBR 工艺相结合可以提高活性污泥低温的硝化能力，而且铁离子能够增加硝化细菌的数量。将 EC 技术（以 Fe 作为牺牲阳极）与 MBR 工艺相结合，生物电化学系统的除磷能力会发生改变。有研究使用电絮凝技术-三维电催化氧化技术-生物接触氧化技术组合工艺处理农药厂废水，取得了较好的处理效果，该技术在海水养殖废水的药物残留处理方面具有较好的应用前景。

BES 技术在海水养殖尾水的处理方面也有应用。Li et al. 利用 EC 技术（Fe 为阳极）与膜生物反应器（MBR）耦合技术处理人工海水养殖尾水，研究发现 Fe 阳极可以增强脱氮酶的活性，提高活性污泥的浓度及粒径，在 EC 的作用下 MBR 对 TN 的去除效率增加了 15%。DNg et al. 研究发现 BES 系统能够较好去除水体中的氨氮和藻类。在海水 RAS 中养殖水体的盐度较高，抑制了微生物的活性，致使生物滤器处理能力受限。可通过引入 EC 技术与其耦合来提高系统的水处理能力，优化养殖水环境，必然能够提高系统的产量增加收益，从而促进循环水养殖模式的发展和推广。

此外，EC 技术能够与人工湿地结合，铁元素对植物的光合作用至关重要，利用铁作牺牲阳极向水体中释放铁元素，可以提高人工湿地的物理过滤能力和对污染物的利用率，从而减少人工湿地的设计面积，节省投资成本。EC 技术还可以与催化技术结合，催化剂能够增强 EC 技术的水处理能力。

第三节　生物处理技术原理与研究

生物具有吸收、转化水中污染物形成自身物质或产生稳定无机物的能力，生物处理法就是利用生物（包括微生物、水生植物和水生动物）在一定的人工强化作用下，促进生物繁殖，从而实现水中的污染物净化的方法。如利用大型藻类、鱼菜共生系统、光合细菌、芽孢杆菌、硝化细菌等微生物和滤食性的鱼、贝等净化水体。利用生物特性净化海水养殖尾水，包括植物处理技术、水生动物处理技术、微生物处理技术和复合生物处理技术。其中微生物处理技术和复合生物处理技术应用比较多，微生物处理技术包括微生物制剂、固定化微生物技术和生物膜法，可以通过硝化和反硝化反应分解有机氮、无机氮。复合生物处理技术包括贝藻处理技术和菌藻处理技术。

一、微生物处理技术

（一）活性污泥法

活性污泥法是一种污水的好氧生物处理法，该处理方法通过向废水中连续通入空气，经过一定时间后因好氧微生物繁殖而形成絮状污泥，其上栖息着以菌胶团为主的微生物群，具有很强的吸附与氧化有机物的能力，从而去除废水中的有机污染物。

活性污泥法及其衍生改良工艺是处理城市污水最广泛使用的方法，目前也广泛应用到海水养殖尾水的处理中。活性污泥主要由细菌、原生动物等组成，常见的包括酵母、霉菌、草履虫等。该方法的应用历史较长，原理、方法及工艺技术已经成熟，对于海水废水中的氮磷具有较好的去除效果。活性污泥法的缺点是占地大，运行费用高，产生的污泥较难处理，可能会产生二次污染的风险。同时，海水活性污泥的制备及作用效率目前仍存在瓶颈，但可以考虑处理悬浮物浓度较高的清塘尾水或者发酵尾水等。

（二）生物膜法

生物膜法是通过装有填料的生物滤器，利用附着生长于填料表面的微生物进行污水处理的方法。污水长期流过固体介质表面，其中悬浮物会被截留，胶体物质则被吸附，污水中的微生物则以此为养料而生长繁殖，这些微生物又进一步吸附了水中的悬浮物，胶体和溶解状态的有机物，在适当的条件下，逐步形成生物膜。生物膜实质上是黏附在固体介质表面的一层微生物群体，是一层充满微生物的黏膜。生物膜一般较薄（2mm左右），当通风良好时只有好氧层，若膜层过厚还会产生厌氧层。

生物膜具有较高的亲水性，其外侧附着的水层中大多数有机物已被生物膜中的微生物摄取，其浓度低于废水（流动水层）中的有机物浓度。当污水流经固体介质表面时，有机物在流动水层和附着水层中交换，进一步被微生物摄取。同时，污水中的溶解氧也会通过附着水层传递给生物膜。在氧气充足的条件下，微生物对有机物进行氧化分解，将其转化为无机盐和CO_2，其他物质从生物膜经附着水层进入流动水层，气态物质经水层排入空气中。在这一代谢过程中，微生物获得能量合成自身生长、繁殖需要的物质。微生物的增殖和生物膜会吸附水体中的悬浮物，随着生物膜逐渐增厚，由于生物膜表面易获取营养物和溶解氧，微生物迅速增殖，形成了由好氧和兼性厌氧菌组成的好氧层。而在生物膜的内部，由于缺氧条件，而形成了由厌氧和兼性好氧菌组成的厌氧层。随着生物膜的增厚，厌氧层也在不断增厚，最内层靠近载体表面处的微生物由于持续得不到营养物供给，进入内源呼吸期，对载体附着能力减弱，生物膜呈老化状态，在外部水流的冲刷作用下而脱落，随后开始增长新的生物膜。在尾水处理系统的处理过程中，生物膜就这样不断生长、脱落、更新，从而一直维持生物膜的活性。

生物膜水处理法具有高效、操作简便等特点，然而由于填料载体的差异以及附着微生物的不同，生物膜法处理养殖废水的效果也不尽相同。目前常与紫外线杀菌器、臭氧发生器、蛋白质分离器一同使用构成养殖污水生物膜处理工艺系统。常用的生物过滤器包括浸没式生物滤床、滴滤式生物滤床、生物转盘等。

1. 微生物的挂膜方式

微生物挂膜方法一般有两种。

一种是密封循环法，即将菌液或菌液与驯化污泥的混合液从生物膜法处理设备的一端流入，从另一端流出，将流出液收集在一水槽内，槽内不断曝气，使菌液和污泥处于悬浮状态。曝气一段时间后，将槽内的菌液或菌液与驯化污泥的混合液进行静置沉淀（0.5 ~ 1.0h），去掉上清液，适当加入营养物和废水，也可加入菌液和驯化污泥，再回流入生物膜法处理设备，如此循环形成一个密封系统，直到发现固体介质上长有黏状污泥可停止循环，开始连续进入废水。这种挂膜方法由于营养物缺乏，代谢产物积累，因而成膜时间较长，一般需要10天左右。

另一种挂膜法叫连续法，即在菌液和污泥循环 1 ~ 2 次后连续进水，使进水量逐渐增大。这种挂膜法由于营养物供应充足，只要控制挂膜液的流速就可保证微生物的吸附。连续法成膜时间较短，一般3 ~ 4天即形成比较完善的生物膜，并具有较好的处理效果。挂膜后应对生物膜进行驯化，使之适应所处理污水的环境。

2. 微生物反应器构型

海水养殖尾水因为污染物浓度较低，需要较高的生物量来提高反应效率，因此适宜采用生物膜法的反应器。

（1）生物滤池　生物滤池也叫固定床生物膜反应器，其特点是填料床体固定，利用填料对微生物的吸附作用，将微生物截留在填料表面并形成生物膜，然后通过生物膜对污染物的吸附和分解，去除废水中污染物。生物滤池具有较强的抗水力冲击能力，生物挂膜快，启动时间短。滤料的填充率和滤料的种类是重要的操作参数，直接决定了滤池挂膜速率和启动时间。

（2）生物接触氧化工艺　生物接触氧化工艺又称"淹没式生物滤池"，该工艺核心就是在反应池内充填填料，将曝气后的污水以一定流速浸没填料，污水与填料上的生物膜进行充分接触，在微生物的新陈代谢作用下，去除污水中的有机物。该工艺具有抗冲击负荷能力强、生物膜中微生物多样性丰富、食物链长、不会产生污泥膨胀等特点。但也存在反应池中曝气不均匀，同时产水率也较低等问题。

（3）流化床反应器　流化床反应器中通常使用较高的流体上升流速以保持附着有微生物的填料呈悬浮流化态。当床体高度和状态不同时，流化床反应器有时也称为膨胀床反应器或循环床反应器。载体可以是颗粒状活性炭、硅藻土或者其他耐磨损的固体颗粒物。液体的上升流速必须足够大以保证载体呈悬浮状态。影响载体悬浮与否的因素包括载体相对于水的密度、载体直径和形状、附着生长的生物量等。通常，生物量增加使载体的有效尺寸增加、密度减小，结果使载体变轻了，容易移动到反应器的上部。这对于清洗载体表面过量生长的生物有利，因为载体可以在反应器上部被分离和清洗。清洗后的载体再次引入反应器后，首先将沉到反应器底部，直到其表面再生长出生物膜。

流化床反应器处于活塞流和完全混合流之间。当进水一次性流过反应器时，流体具有活塞流的特点。另一方面，出水经常需要回流以维持较高的上升流速从而保证载体的流化。此时，流化床中的流态更接近于连续搅拌式反应器的特点。载体的流化和混合使其在反应器横向及纵向均达到均匀分布，也使得物质从液相向生物膜表面的传质更容易。流化床最大的缺点是控制床体呈流化态很不容易，必须维持足够大上升流速以保证载体的流化态，但又不能太大以至于将载体冲出反应器。对于一些载体而言，载体间的摩擦及流体的扰动是生物膜脱落的主要原因。这类载体不太适用于附着低生长速度的微生物。氧的传递在高浓度废水的处理中也是一个问题。通常会通过出水回流来充氧和稀释废水，同时提高上升流速。流化床反应器也可用于脱氮和厌氧污水处理，这时不需要供氧。这种反应器对快速处理海水养殖尾水这一类低浓度的有机污水非常有效。

（4）移动床反应器　移动床反应器（Moving Bed Biofilm Reactor，简称MBBR）是利用投加到曝气池中、密度接近水的悬浮载体填料作为微生物的活性载体，依靠曝气池内气流和水流的作用使其处于流化状态，使活性污泥和生物膜在一个处理构筑物中共同存在的污水处理工艺。在移动床中，悬浮的填料随污水运动、碰撞，故而称移动床反应器。移动床反应器同时具有活性污泥处理法和生物膜处理法的特点，生物膜上可以附着泥龄较长的硝化、反硝化细菌，并为好氧硝化和缺氧反硝化构建良好的微生态环境，实现生物脱氮，而活性污泥中主要是泥龄较短的异养菌，进行生物除碳。因此，移动床反应器可以实现污水一步除碳脱氮。

移动床反应器一般具有以下特征：①悬浮填料在无曝气时浮于水的表面，无须固定支架支撑，这使反应池的安装和维修变得很方便，投资少，填料投加、更新方便；②曝气时，生长了生物膜的填料密度因与水接近，在气流和水流的作用下处于流化状态，增加了气、液、固三相混合的概率，提高了污染物和氧气的传质效率，进而强化了生物转化效率，目前常见的悬浮状填料包括Kaldnes环、聚氨酯泡沫等。

移动床反应器在处理养殖尾水中表现出了较好的处理效果。Suhr等人将移动床运用于室外虹鳟鱼养殖废水的处理中，以聚丙烯环为填料的移动床可将进水总氨氮浓度为10～20mg/L的废水进行有效硝化处理，出水中总氨氮浓度仅为2～5mg/L。

（5）生物转盘　生物转盘也称旋转式生物反应器，是一种典型的生物膜处理方法，主要由盘片、反应槽、转轴和驱动装置组成。等直径的盘片固定在同一轴上，且间距相等，随轴转动。操作时部分盘片浸没在废水中，部分暴露于空气中。与废水接触的盘片上附着的微生物首先吸附了废水中的污染物，盘片旋转至空气中时，与空气中的氧气接触，进行有机物的好氧氧化。盘片转动一周即可完成吸附-氧传质-生物氧化分解的过程。盘片生物膜的外表面附着了好氧微生物，内表面附着了厌氧微生物。在盘片旋转的过程中，好氧微生物和厌氧微生物共同作用，同时完成有机物和氮素的去除，使污水得到净化。而盘片上的生物膜不断生长、增厚，老化的生物膜则在水力剪切力的作用下脱落，生物膜得到更新。

生物转盘的优点是不易发生堵塞现象，净化效果好。其次其能耗低，管理方便，但是占地面积大，容易产生臭气污染。使用生物转盘对罗非鱼养殖尾水进行处理，对氨氮和亚硝氮的转化率可达30.7%和51.7%。

（6）膜生物反应器　膜生物反应器（Membrane bioreactor，MBR）是近年来环境工程领域应用和开发最迅速的技术之一，同时也是最受欢迎的技术之一。MBR技术的开发和应用实现了生物处理单元与膜分离技术的有机结合，其工艺流程图如图3-14所示。由膜分离代替了常规的固液分离装置，高效截留微生物，实现了污泥龄和水力停留时间的分离。

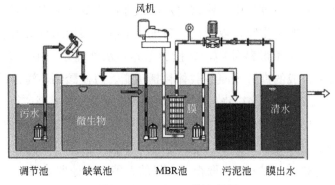

图3-14 MBR工艺流程图

MBR中的活性污泥可分解水中的有机污染物，转化氮磷等营养物质，而膜则可将活性污泥和水进行固液分离。常用的中空纤维膜，其膜丝为管状，管壁上有微孔，能够截留活性污泥以及绝大多数的悬浮物，出水清澈透明。膜的下方要有一定的曝气强度，这样既满足生物转化的需氧量，又保证膜丝不断抖动，使得附着的活性污泥从膜表面脱落，减少膜污染，以达到较好的处理效果。

（三）生物强化技术

1. 微生物菌剂强化技术

高效的水处理微生物菌剂具有无毒副作用、水质净化效果好、见效快、二次污染少等优点，在水产养殖中具有很好的应用前景。目前常用的微生物菌剂主要有光合细菌、芽孢杆菌、乳杆菌、双歧杆菌、硝化细菌等。此外，水处理微生物菌剂通过加入饵料或直接投加到养殖水体，还具有预防和减少病原菌感染的作用，从而减少病害发生，提高水产养殖动物免疫力，提高水产品产量。例如，将从鱼塘中分离获取的光合细菌和芽孢杆菌制成菌剂后投加至养虾池中，虾的产量得到明显增加。枯草芽孢杆菌可以抑制能够引起鱼类内脏败血性坏死的荧光假单胞菌的生长，从而减少鱼的病害。此外还有蜡样芽孢杆菌和*Arthrobacter* sp.也对养殖废水中的磷起到较好的处理效果。

2. 固定化微生物技术

固定化微生物技术是20世纪60年代发展起来的一种生物技术。该技术利用物理或化学的措施将游离微生物细胞或酶定位于限定的空间区域，并使其保持活性从而反复利用，具有效率高、稳定性强、反应易控制、对环境耐受力强等优点。目前经常采用的生物固定化方法主要有吸附法、包埋法、交联法和共价结合法，尤以包埋法和吸附法最为常用。

在养殖尾水的处理过程中，常常将从养殖池或水处理池中分离获取的具有特定污染物转化功能的微生物，以吸附、包埋、交联、共价结合等方法固定在天然或人工合成的高分子凝胶载体中，并投加至养殖水处理系统中，进行废水净化。这些天然或人工合成的高分子凝胶载体包括琼脂、海藻酸钙、海藻酸钠、聚乙烯醇（PVA）、聚丙烯酰胺（ACAM）等，其中PVA应用最为广泛。

以PVA-硼酸法制备凝胶固定的硝化细菌对氨氮的去除率达98%，亚硝酸盐的累计质量分数从6mg/L降到0.1mg/L以下。当水力停留时间为0.3h时，氨氮的最高去除率可达82g/（$m^3 \cdot d$），取得了良好的养殖废水处理效果。

微生物固定化技术能够有效净化养殖水体，降低环境污染并有利于建立高效率的循环养殖系统，降低生产成本，从而促进养殖业的发展。相信经过不断研究和改进，固定化微生物技术一定能在养殖废水生物处理的实际应用中发挥巨大的作用。

二、植物处理技术

（一）大型水生植物

水生植物修复技术是指在适宜的生长条件下，水生植物根据其自身特点与水中微生物、藻类等生物共同作用，将水中N、P、重金属等污染物吸收于植物体内的不同部位，从而达到自身生长和水质净化的双重作用，如图3-15所示。

图3-15　水生植物修复

海水养殖尾水水量大、污染物浓度范围广、盐度高，因此其处理难度大。许多具有修复功能的水生植物无法在高盐度水体中生长，因此在修复海水时，具有修复功能的盐生植物起到重要作用。常见的盐生植物有碱蓬、海蓬子、碱菀、海马齿、滨藜等，盐生植物通过其发达的根系，吸收养殖尾水中的无机氮、无机磷及简单的有机物，合成自身生长所需物质。不同盐生植物对水体污染物的去除能力见表3-4。

表3-4 几种盐生植物对污染物的修复能力

植物名称	生长环境	植物修复能力
碱蓬	盐度分别为5、7.5、10的海水环境	植物生长量分别为0.0089、0.0073、0.0066g/（plant·d），且NH_4^+-N的去除率分别为50.81%、47.53%、53.67%；TIN的去除率分别为54.32%、50.21%、51.72%；PO_4^{3-}-P的去除率分别为47.34%、50.28%、54.67%；COD的去除率分别为43.81%、45.00%、50.42%
海蓬子	盐度为10的海域	吸收水体中的无机氮、磷及部分有机物，并积累储存在地上部，NH_4^+-N、NO_3^--N、丙氨酸-N、三丙氨酸-N去除率分别为20.4%±6.1%、4.2%±2.3%、4.2%±0.14%、5.2%±0.2%
碱菀	盐度为10的海域	吸收水体中的无机氮、磷及部分有机物，并积累储存在地上部，NH_4-N、NO_3-N、丙氨酸-N、三丙氨酸-N去除率分别为39.1%±23.3%、6.0%±3.3%、2.2%±0.16%、3.3%±0.1%
海马齿	盐度为15的罗非鱼养殖水	对罗非鱼养殖水体氨氮的去除率为60%～91%，亚硝态氮去除率为71%～98%，总氮去除率为11%～33%，COD去除率为61%～85%，总磷去除率为35%～71%

在盐生修复植物的筛选方面，由于不同盐生植物对海水胁迫及对营养盐的去除能力不同，因此需要根据待修复海水养殖尾水的水质特征开展特定功能盐生植物的筛选。筛选过程需考虑水体盐度参数、植物耐受特征、营养条件等。

盐生植物修复污染水体的机理主要有植物自身吸收、植物生化作用、根际微生物的生化作用和氮磷耐盐调节作用等。

植物自身吸收：从水体中获取简单污染物，合成自身营养物质、有机氮以及能量和核酸等，并参与光合作用的过程。

植物生化作用：将氧气输送至根区，为根际提供间歇的好氧厌氧环境有助于反硝化进行，为根际微生物提供栖息环境与碳源，并分泌小分子有机化合物（如糖类、有机酸、氨基酸、酚类化合物等），促进污染物转化。此外，根部分泌的化感物质对藻类的正常代谢、生长有影响。

根际微生物的生化作用：利用水体中的氮、磷及简单有机物用于自身生长；分泌有机酸或胞外酶促进污染物（如一些不溶性磷酸盐）的分解，与植物协同，加速有机态氨向植物可利用的氨态氮转化。

氮磷耐盐调节作用：增加植物耐盐性，提高植物光合作用，抑制盐分进入植物组织，增加根系活化面积，以缓解盐分胁迫。

用碱蓬处理养殖尾水，发现其对富营养化海水养殖尾水中的总氮、有机物和盐度具有较强的修复能力，而对总磷的去除效果相对较弱，修复后水体均偏弱碱性。以海马齿浮床处理海水养殖系统中的营养物，发现其能有效去除营养元素N和P，并降低有机物浓度。海马齿对尾水的处理效果除与种植面积、盐度有关外，还与海域浮游动物群落结构密切相关。

此外，海水养殖尾水还可用作盐生经济植物的灌溉，以进行作物生产。尾水中的氮、磷等营养物质可以有效促进耐盐作物的生长，在这个过程中养殖尾水也得到了净化。目前国家正在大力改良、培养海水种植新品种，包括海藻、海草等海生植物新品种，碱蓬、柽柳、菊芋等盐生植物品种，耐盐乃至适盐水稻、小麦等海水灌溉粮食作物新品种等。田间微区试验表明，在利用海参、对虾和大鲮鲆养殖尾水分别灌溉菊芋后，菊芋块茎产量分别增加了79%、65.3%和46.6%。该方法在采用盐水灌溉的同时，也为滨海盐碱地区生态环境以及海洋环境的改善提供了行之有效的途径，是值得研究和推广的海水养殖尾水植物修复新模式。

（二）微藻技术

微藻细胞可以吸收废水中氮、磷等营养物质，将其转化为细胞组分，如蛋白质、碳水化合物、遗传物质等。微藻具有去除重金属、抗生素等污染物的潜力。微藻处理养殖尾水是一种替代传统废水处理的环境友好的生物处理方法。微藻通过细胞的固氮或同化作用吸收利用水产养殖尾水中的有机氮和无机氮，微藻吸收利用多种形式氮的顺序为氨氮>有机氮>硝酸氮>亚硝酸氮。由于消耗能量较小，氨氮可直接用于微藻细胞内的物质合成，因此环境中的氨氮是微藻细胞优先选择的营养物，其他形式氮需要在酶的作用下还原为铵盐，进而吸收利用。微藻自养过程可产生较多藻类生物质，可用于藻类生物质增值产品，如饵料、生物能源等。在牙鲆养殖的不同阶段收集废水进行微藻养殖试验，研究发现，亚心形扁藻（*Platymonassubcordiformis*）对不同类型的废水中营养盐的去除效果较好。微藻生长速度快，吸收代谢迅速，进行废水处理时可同时实现水质净化、氮磷等营养物的回收以及微藻生物质生产等多重目的，因而利用藻类净化污水正成为污水处理中的重要研究方向。

微藻具有较好的废水处理能力，但不同微藻种处理废水的能力差异性较大。刘梅等利用蛋白核小球藻（*Chlorella pyrenoidosa*）、斜生栅藻（*Scenedesmus obliquus*）等八株微藻净化南美白对虾养殖尾水，研究发现，八株微藻均能在养殖废水中较好生长，但不同微藻株对养殖废水中总氮、总磷的去除效果不同。由于不同种类废水中的营养物成分及浓度的不同，对微藻的处理效率产生一定的影响。有研究利用不同浓度的城市废水对小球藻（*Chlorella vulgaris*）进行为期14天的培养，研究发现，小球藻对不同浓度的废水中有机物的吸收效率不同。球等鞭金藻（*Isochrysisgalbana*）和海洋小球藻（*Chlorella* sp.）两种微藻均可快速吸收利用海水养殖尾水中的氮、磷元素，批次实验培养7天，在模拟养殖废水中生物量始终高于培养基中微藻生物量，提示模拟养殖废水可以为微藻生长提供较好的养分。*I.*

*galbana*和*Chlorella* sp.对模拟养殖尾水中无机氮的去除率分别为25.85%和66.37%，相较于*I. galbana*，*Chlorella* sp.对水体中磷酸盐的吸收利用效率更快，经过2天的培养，水体中磷酸盐几乎完全被吸收利用，处理效率高达100%。

微藻不仅可利用废水中的氮磷等营养物质，还可以去除水中有机污染物。在模拟养殖尾水中添加不同初始浓度氟苯尼考，*I. galbana*和*Chlorella* sp.对氟苯尼考的去除率范围分别为86.67%～95.53%和89.74%～90.69%。生物降解是微藻去除氟苯尼考的主要方式。当氟苯尼考初始浓度为0.1mg/L时，生物降解是*I. galbana*去除氟苯尼考的主要途径，而*Chlorella* sp.可通过生物降解及生物吸附过程去除水环境中残留的氟苯尼考。氟苯尼考浓度为1mg/L、10mg/L时，*I. galbana*的生物降解效率分别95.53%、94.47%，生物吸附效率分别为5.76%和2.00%。*Chlorella* sp.的生物降解效率低于*I. galbana*，分别达到90.47%、90.69%，生物吸附效率为0.61%和0.40%。

中空纤维膜可有效截留反应器中的微藻，利用微藻膜生物反应器流动培养海水小球藻。模拟养殖废水能给予微藻充足的营养物质，用于自身生长。微藻膜生物反应器（图3-16）连续稳定运行14天且对反应器中微藻具有较好的分离截留效果，小球藻细胞密度从$1×10^6$ cells/mL增长到$6.28×10^6$ cells/mL。对模拟养殖废水中氮、磷有较高的去除效率，氨氮、活性磷酸盐的去除率达到100%，硝酸盐的去除率达到50%，对养殖废水中的氟苯尼考去除率约为20%。

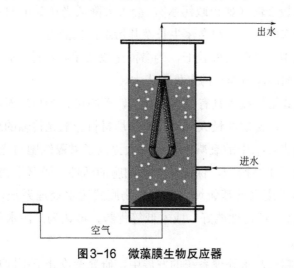

图3-16　微藻膜生物反应器

利用微藻生物膜光反应器去除养殖水含氮、磷营养盐成为国内外的研究热点。Peng等将海水养殖废水的深度净化与藻类生物量的产生相结合，研发了一种用于海洋养殖废水中微藻连续流动培养的新型生物膜光反应器（BF-MPBR）。BF-

MPBR中的固体载体可为微藻细胞的固定生长提供附着位点，形成藻类生物膜。经过12天的培养，水体中总无机氮（DIN）和总无机磷（DIP）浓度分别下降了97.3%和53.8%。Aquilino等利用藻类 *Chaetomorphalinum* 去除海水养殖尾水中的氮磷营养盐，结果表明，20g/L *Chaetomorphalinum* 在24h内几乎可完全去除水体中的氨氮，在48h内几乎可完全分解海水中的磷酸盐。Li等将生物滤器和藻类反应器联用，对总氮（TN）和总磷（TP）的平均去除率分别为42.8%±5.5%和83.7%±7.7%。

微藻对养殖尾水的净化效果十分显著，例如小球藻、斜生栅藻、亚心形扁藻等可以有效去除海水养殖废水中的氮磷。采用毛枝藻处理硝氮和总磷含量较高的污水（硝氮40mg/L，总磷8mg/L）表现出较大优势，除氮率和除磷率分别可达到99%和90%，在深度脱氮除磷方面具有一定应用前景。但由于微藻体积小，难以实现藻水分离和收集，且在海水养殖池塘内难以大量生长，因此在实际应用中并不常见。

目前，微藻处理污水系统主要包括微藻悬浮式处理系统和固定式处理系统。微藻悬浮式污水处理系统通过将微藻细胞直接接种入污水中，使微藻在污水中进行悬浮式生长，同时吸收氮、磷等来达到净化污水的目的。然而，当污水中氮磷浓度较高时（如农业污水），悬浮在其中的微藻细胞会对氮元素过度摄取并大量储存在细胞内，从而对微藻的后续生长产生毒害，不利于污水的持续净化；当污水中悬浮颗粒物较多时（如市政污水），会大大降低光在其中的穿透性，从而使微藻光合作用效率降低，制约微藻生长及其污水净化能力。另一方面，微藻悬浮式污水处理系统中，微藻密度较低，为微藻生物质采收和藻-水分离带来了巨大的困难，大大增加微藻培养和污水处理成本。

微藻生物膜式培养技术具有显著的优势，藻膜可直接与培养基接触，底物和产物的传质阻力小，传质通量大；不存在包埋材料影响光传输的现象，较少的水含量可有效避免光在水中的衰减，从而大大提高了微藻细胞对光能的利用效率；无包埋材料的化学毒性影响，保证了微藻细胞的活性。微藻生物膜式培养技术，近年才逐渐应用于废水处理领域，微藻生物膜式污水处理系统以其生物质密度高、水-藻易分离、抗逆性能好、成本低等优势，被认为是污水处理领域中最有潜力的应用系统。

在微藻生物膜式污水处理系统的发展中，研究者设计了不同形状结构、不同附着材料、不同处理方式等多样化的反应器。影响生物膜成膜的因素很多，且因生长阶段不同，主要影响因素也各不相同。在细胞运动到载体附近的阶段，微生物种类、流动状态及外部环境条件是其主要影响因素；在细胞的初始附着阶段，微生物表面的物化性质与载体的表面特性和水力剪切力成为主要的影响因素；在生物膜的发展成熟阶段，培养条件则成为最主要的影响因素。但这些因素并不是独立作用于成膜的过程，它们相互影响、相互耦合地对细胞发展形成成熟生物膜的过程产生影响。

由于单独的微藻附着能力有限，附着效率不高，可通过构建菌-藻共聚体提高藻类的聚集效率。菌-藻共聚体的细菌比例越大，沉降速率越低，微藻生物质的品质越低，不利于生产高附加值产品。因此，外加生物絮凝剂时，必须保证其生物特性尽量与接种微藻特性相近。

根据不同的应用场景，针对不同的反应器形状、附着材料等，藻类固定化培养系统已开发出不同的几何形状、不同的应用形式，并分为灌注式、淹没式、水平式、垂直式和旋转或摇摆式。利用斜坡式反应器对微藻进行固定化培养可用于处理多种养殖废水，研究发现固定化培养的小球藻对氮磷的去除效率良好。

目前，大多数微藻生物膜污水处理系统还处于研究阶段，其应用主要受限于反应系统结构以及微藻在载体表面附着的牢固性，已有大量研究针对平板式系统的结构进行优化或对附着材料进行优选。微藻生物膜在平板表面附着牢固程度较低，因此平板多为水平或倾斜放置，可避免生物膜在重力以及水流冲刷的作用下脱落，这大大提高了微藻平板式污水处理系统的占地面积；若将平板式生物膜竖直放置，受重力及水流冲刷的作用，微藻生物量及生物膜厚度会大大降低，从而影响系统对污水的处理效果。因此探索开发出合理的载体摆放形式以及设计出高效率的固定化微藻培养系统是值得探索的。

近年来，藻类已被用于生物电化学系统（图3-17），以改善营养修复和能量再利用。在阳极中，藻类可以协助细菌发电，提高生物阳极的污染物去除能力。在阴极，它们不仅能"吸附"氮和磷（生物吸收），而且还是生物"曝气器"（光合作用过程中的氧气释放）。藻类和细菌的联合体可以实现高效的污染物降解，同时，当藻类生物作为鱼饲料或生物燃料（如沼气）的原料被收获时，抵消了系统的运营成本。在微生物燃料电池（MFC）系统中整合藻类和细菌已成为处理高氮含量水产养殖废水的替代技术。然而，对于高盐度、低碳氮比的海水养殖废水的处理，这种菌藻一体化系统还没有应用，为了建立一个节能和经济高效的生物电化学系统，提高脱氮性能，以可持续处理高含氮海水养殖废水，相关的研究正在探索中。最新研究中利用藻类和阴极光电催化协同强化海水养殖尾水脱氮，阴极采用新型 $TiO_2/Co-WO_3/SiC$ 强化光电催化脱氮，构建具有菌藻催化的阴极和生物阳极系统，该系统可去除77.35%的无机氮和76.66%的有机污染物。当出水中 NH_4^+-N浓度为2mg/L时，该系统可从海水养殖废水中去除94.05%的 NH_4^+-N。

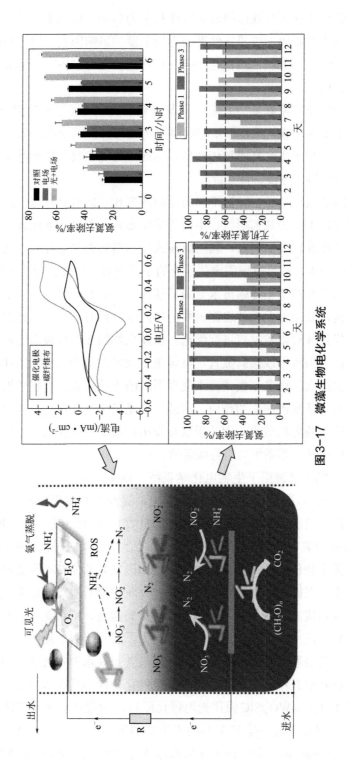

图3-17 微藻生物电化学系统

三、动物处理技术

近年来，水生动物越来越多地被应用于海水养殖废水的治理中，目前在海水养殖废水处理中较为常用的水生动物主要包括扇贝、牡蛎等双壳贝类。滤食性双壳贝类主要通过滤食水体中浮游植物，从而间接消耗水体中的营养盐和二氧化碳。因此，贝类等水生动物也被广泛推荐用于近海富营养化和浮游植物藻华的控制。

有研究发现在池塘中混养贝类和南美白对虾可以显著降低养殖系统中的COD、亚硝酸盐、硝酸盐、氨氮、磷酸盐及悬浮物等水环境因子含量，从而达到原位修复的目的。在半滑舌鳎养殖池内配合混养滤食性双壳贝类长牡蛎，当海水流速为100L/h时，长牡蛎对悬浮物的生物沉积速率为40.28 ～ 45.30 mg/ind·d，对养殖池塘水质净化起到较好的维护效果。贝类不仅可摄食浮游生物，还可以摄食水体中的有机碎屑，因此在海水养殖池中混合饲养贝类在净化水质的同时，又能提高饵料的利用率。然而，贝类也可能会和养殖对象之间产生竞争关系，影响养殖生物的生长，因此，需根据不同的养殖物种进行选择。

四、联合处理技术

（一）植物-微生物共生修复

藻-菌共生修复体系在环境领域应用较为广泛，藻-菌共生主要利用藻和菌的协同作用，藻类的光能合成作用与细菌的氧化代谢作用共同作用可实现对有机物的降解和氮磷的脱除。藻-菌共生是天然水体中一种主要的自净方法，在海水养殖尾水污染的治理中，藻-菌共生修复体系已逐渐发展成为一种有效、可行、环境友好的净化技术。其主要原理是，在光照条件下微藻可通过光合作用消耗水中溶解的CO_2，生成O_2，从而增加水中的溶解氧，可促进细菌代谢和生物降解。而细菌通过呼吸作用及一系列的生化反应，如同化、厌氧氨氧化、硝化、脱氮等作用实现对有机污染物的分解，同时吸收尾水中的磷，达到去除营养盐的目的。

1957年Oswald等首次提出高效藻类塘（High Rate Algal Ponds，HRAP）技术。基于传统稳定塘，藻类增殖产生有利于微生物生长和繁殖的环境，从而强化藻菌共生系统，对水体中有机碳、病原体、氮、磷等污染物进行有效去除。藻类自身能借助光合作用利用空气中CO_2作为碳源，直接摄取海水养殖尾水中的氮磷营养元素。藻类同化利用氮元素的过程就是将无机氮转化为有机氮的过程，在特定的酶协助下藻类吸收利用海水养殖尾水中硝酸盐、亚硝酸盐、氨等氮源，同化为藻细胞的组分。在ATP作用下藻类可消耗水体中硝酸盐，并在硝酸盐还原酶催化下将硝酸盐还原为亚硝酸盐，再经亚硝酸盐酶催化还原为氨基，并在谷氨酸、三磷酸腺苷、谷氨酰胺合成酶的共同促进作用下生成谷氨酰胺。藻类对不同的氮源吸收利用能力不同，相比于硝酸盐和亚硝酸盐，藻类更倾向于消耗氨氮，只有当氨氮浓度很低时，才会消耗其他形态的氮。这是因为藻类在同化氨氮的过程中只需要消耗较少的能量，不需要发生氧化还原反应。磷元素也是维持藻类新陈代谢的重要因素之一，在藻类生长代谢过程中，磷元素主要以 $H_2PO_4^-$ 和 HPO_4^{2-} 的形式被吸收利用，伴随 ATP 到 ADP 的转化和能量的输入，以磷酸化的形式结合到有机化合物上。然而，HRAP 中藻类的浓度相对较低，容易造成外来物种侵入，且需要很长的停留时间（多达 4 天）才能进行充分的处理，出水质量很难控制。

有研究通过模拟文昌市海水养殖尾水，分别优化藻种、接种率、藻菌比和投加条件，实现对海水养殖尾水中 NH_4^+-N、PO_4^{3-}、Tp 和 COD_{Mn} 的去除作用的优化。固定态藻-菌共生修复体系对海水养殖废水具有良好的处理效果，对 NH_4^+-N、PO_4^{3-}、TP 和 COD_{Mn} 的去除率分别达到 96.57%、98.62%、89.89% 和 39.09%。有研究以青岛扁藻为生物源，在室温下构建了内循环流化床微藻膜生物反应器（ICFB），研究海水养殖废水污染物的去除效果，并对微藻的生物量进行连续监测。在运行 40 天内 ICFB 对 NO_3^--N 的去除率和 NH_4^+-N 的去除率分别达到 52% 和 85%，对总氮的去除率达到 16.2mg/（L·d）。此外，反应器表现出较强的除磷能力。PO_4^{3-} 的去除率达到 80%。随着内循环的加强，微藻分布均匀，富集迅速。最大生长速率和生物量浓度分别达到 60mg/（L·d）和 1.4g/L。

在 Guidhe 等人的研究中，微藻利用水产养殖废水中的营养物质促进其生长，用养殖尾水对微藻进行培养，7 天后测定氮磷等养分去除效率，其中，硝酸盐的去除率为 84.51%，亚硝酸盐为 96.38%，氨为 75.56%，磷为 73.35%。微藻细胞利用这些营养物质进行各种生理过程，产生富含脂类、碳水化合物和蛋白质的生物质，这项研究的结果还表明水产养殖废水具有生产有价值的微藻生物质的潜力，这些生物质可用于生物燃料或饲料应用。

（二）植物-动物混合养殖自修复

在植物-动物混合养殖自修复处理养殖尾水的应用研究中，较为成熟的是多营养层级综合养殖模式，包括贝-藻、鱼-贝-藻和贝-藻-参等。以牡蛎-海带-海参立体综合养殖系统为例，滤食性的牡蛎以海水养殖尾水中的浮游生物及悬浮颗粒物为食，其呼吸作用产生的二氧化碳及排泄的氮磷营养盐可供海带吸收利用；海带发生光合作用产生的氧气会再次被牡蛎、海参利用，海带的碎屑也是牡蛎的食物来源；沉入海底的海带碎屑、牡蛎排泄的粪便则可以作为海参的食物；海参的粪便也会被微生物分解为氮磷营养盐供海带吸收利用。在此养殖模式中，营养物质和能量在牡蛎、海带和海参之间循环流动，互惠互利，在实现去除尾水系统中污染物质、减轻养殖水体富营养化的同时，也提高了单位水体的养殖效益。养殖海带和牡蛎及其附生群落形成"水下森林"，为其他海洋生物提供生存环境，同时减弱了潮流，减少底质再悬浮，提高海水透明度，增强海洋生物多样性。

第四节　生态处理技术原理与研究

生态处理技术是指采用生物技术、工程技术等措施对水产养殖尾水中的氮、磷等营养元素进行吸附、转化及吸收利用，达到净化水质、防止水体污染目的的技术。主要包括人工湿地、生态浮岛、生态净化塘、生态沟渠、生态坡等，具有绿色环保、节能等优势。

一、人工湿地技术

人工湿地作为一种环境友好型废水处理工艺被广泛应用，人工湿地是由土壤-植物-微生物组成的复杂的多功能生态系统（图3-18），结合物理过滤、化学吸附共沉淀、植物过滤及微生物作用等方法，通过系统内基质、水生植物以及微生物代谢的综合作用有效去除海水养殖尾水中的有机污染物（COD、总氮、总磷），尤其对于硝氮的去除具有较大的潜力。人工湿地处理的废水量通常是中等强度市政废水的20～25倍。湿地在浓缩后主要用于处理水产养殖废水，普遍认为人工湿地是一种低成本且可行的养殖尾水处理技术。

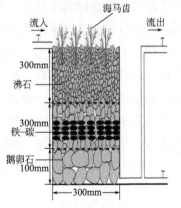

图3-18　人工湿地实验系统模式图及实物图

复杂的大规模养殖区域可选用尾水人工湿地生态净化模式，包括表面流、潜流、复合型人工湿地模式，该模式通过将生态塘渠、潜流或表面流人工湿地组合成为一个生态处理系统来净化养殖尾水，净化效果明显，而且通过人工湿地等生态手段，改善了周边景观环境，通常为城镇生活污水、城镇污水处理厂出水净化处理所采用，但建设和维护成本均较高。具体建设要求可以参照《人工湿地污水处理工程技术规范》（HJ 2005—2010）、江苏省地方标准《淡水池塘循环水三级净化技术规范》（DB32/T 3238—2017）等要求。

表面流人工湿地从湿地的一侧进水，污水缓慢经过植物根系、微生物、基质吸附等，在物理、化学、生物等共同作用下实现水质净化，从湿地的另一侧排出。在北美地区表面流人工湿地应用广泛，由于表面流人工湿地和自然人工湿地类似，易受气候条件的影响，冬季温度低时生物量低，去污能力有限。表面流人工湿地中表层水中含氧量高，水体处于好氧状态，位置较深的水体含氧量较低，大多处在缺氧或厌氧状态。

简易表面流人工湿地模式是由池塘、沟渠改造而成的，该模式改造工程量相对较少，仅需对养殖场地的沟渠和部分池塘进行生态化改造就可实现人工湿地净化功能，因此投入相对较少。但该方法净化能力较弱，仅适用于河蟹养殖区域，或养殖产量不高的青虾养殖池塘，鱼类养殖塘口不适用本模式。沟渠和净化塘的改造参考"三池两坝"模式中的生物净化池构建方式，在修整的基础上，种植各类水生植物或搭建浮床，放养鲢鳙、贝类等滤食性生物，挂毛刷固着微生物等。在沟渠进入净化塘时修筑一道溢流坝，将排水沟渠与净化塘隔开。

潜流人工湿地对海水养殖尾水中污染物的去除主要依靠基质、微生物及植物的共同作用。基质在养殖尾水中磷和重金属等的去除中占据重要位置；微生物在养殖尾水的净化中起到至关重要的作用，对水体中氮、碳的去除贡献一般在50%以上；植物根系可从养殖尾水中吸收氮、磷，用于污染物的去除与生物质资源的转化。垂直流潜流湿地的应用工程中，基质一般可分为布水层、净化层和排水层。布水层一般位于进水口处，起到布水均匀的作用。对于"上进下出"式垂直流潜流湿地，布水层还承担着支撑上层植物的作用。净化层是湿地的核心层，基质表面附着微生物形成生物膜，对不同类型污染物起到净化的作用。一般采用细砾石、陶粒等为基质，粒径在5～30mm之间，深度在30～60cm之间不等。由于该层接近进水，营养物质丰富，净化层微生物活跃，生物膜增长快速，可能会导致该区域堵塞。排水层位于湿地系统底部，对于非曝气补氧型潜流湿地，该区域存在厌氧污泥堵塞的风险。

复合型人工湿地由多种人工湿地组合而成。如采用由微曝气垂直流湿地

（UFCW）、水平潜流湿地（HFCW）和沉水植物氧化塘（SOP）组成的复合人工湿地工艺对污水处理厂尾水进行深度处理，其中通过UFCW单元氧化尾水中的剩余有机物与氨氮，形成的硝酸盐在HFCW单元中进行反硝化，最后通过SOP系统中的沉水植物实现磷的深度处理。

　　针对海岸区域养殖尾水的处理，红树林人工湿地发挥着重要作用。红树植物群落生长在热带、亚热带低能海岸潮间带上部，受周期性潮水浸淹，是陆地和海洋之间的生态过渡区。红树林湿地是滨海湿地最宝贵的形态之一，也是无数底栖生物和海洋生物的理想家园。有研究选取秋茄、桐花、白骨壤三种耐寒性较强的红树植物，对比分析其对虾养殖尾水的净化效果，结果显示白骨壤人工湿地处理海水养殖尾水效果优于秋茄、桐花两个红树品种的人工湿地，而秋茄人工湿地在养殖尾水前期处理时间段的净化效果比较好。通过考察黄菖蒲、芦苇、千屈菜和香蒲等常见湿地植物对水产养殖废水的净化能力，证明黄菖蒲、芦苇对总氮、总磷和抗生素均有较好去除效果。

　　根据丹麦的法规，年产量超过25t的水产养殖场必须配套相应的人工湿地处理系统，然而在国内海水人工湿地尾水处理技术仍处于研发阶段，尚没有大型的海水养殖尾水人工湿地处理系统应用案例。针对人工湿地处理海水循环水养殖尾水因碳源不足引起硝态氮去除效果不佳的问题，外加碳源、促进自养反硝化等研究仍是国内外关注的重点。最新研究比较了玉米秸秆、玉米芯以及芒草3种植物碳源用于水产养殖，结果表明，玉米芯氮素、磷素释放量都较小，更适合作为外加碳源，添加玉米芯和玉米芯浸出液对硝态氮的去除率分别提高至90.63%和88.56%。Liu等将曝气生物滤池（BAF）与水生种植技术相结合，以形成适合经济作物种植和改善水质的复合湿地，对总磷、总氮、氨氮和高锰酸盐具有良好的去除效果。实验发现毕氏海蓬子人工湿地在序批式运行模式下处理效率最好，TAN，NO_3^--N，TN，COD去除率分别可达37.2%，16.5%，14.9%和34.0%，外加碳源如玉米芯浸出液等可作为湿地反硝化的电子供体，提高硝酸盐的去除效率。除了外加碳源促进反硝化脱氮，发展自养反硝化是人工湿地脱氮研究的重点，研究证明硫代硫酸盐可以促进漂浮式湿地自养反硝化过程，TN最高去除率可达15.3g/（$m^2 \cdot d$）；将Fe-C基质应用于人工湿地处理含盐污水可实现Fe自养反硝化，促进碳氮磷的同步去除，盐度为0.511%时，TN去除率提高近50%，COD去除率提高30%，并且冬季低温时，湿地微生物活性仍然较高，可维持较高的去除效率。针对工厂化海水养殖尾水缺乏碳源而反硝化受限的特点，马晓娜等应用铁-碳人工湿地对海水养殖尾水进行脱氮处理，基质为沸石，植物为海马齿，可有效去除海水养殖水体中的含氮营养盐，含33% Fe-C的CWs系统平均TIN去除率最高，TIN平均去除率为63.40%±12.11%，其中，铁-碳的存在可提高湿地脱氮效率20%～30%，海马齿的存在可提高湿地脱氮效率15%～30%，铁-碳的存在可显著提升湿地厌氧氨氧化和反硝化相关的关键酶活性、功能基因及微生物菌群丰度，表明铁-碳可显著促进湿地厌氧氨氧化和反硝化过程。

分段进水、出水回流、多种类型湿地系统串联等方式能够优化人工湿地系统的运行效果，达到更好的污染物净化效果。研究发现采用交替运行策略的铝污泥人工湿地处理污水，即厌氧上流式和潮汐流式交替运行方式可实现很高的有机物去除负荷和水力负荷，去除率分别为COD 82%、BOD_5 91%、SS 92%、NH_4-N 94%、TN 82%。

人工湿地用于去除水体中的抗生素逐渐受到关注，用于去除养殖水中的抗生素已有少量研究，但用于海水养殖尾水中抗生素去除研究还十分欠缺。研究发现，人工湿地对养殖水中四环素类、磺胺类和喹诺酮类有较好的去除效果，去除率为59%～99.9%，但氯霉素的去除率仅为20%，不同湿地构型对抗生素的去除效果不同，其中垂直流效果较好。

二、生态浮岛技术

生态浮岛，又称人工浮床、生态浮床，利用生态工程学原理，去除水体中的COD、氮和磷等污染物质。其主要以水生植物为主体，运用无土栽培技术原理，以高分子材料等为载体和基质，充分利用水体空间生态位和营养生态位，考虑物种间的共生关系，建立高效人工生态系统，以削减水体中的污染负荷。生态浮岛能大幅度提高水体透明度，有效改善水质指标，对有害藻类起到很好的抑制效果。生态浮岛技术对水质进行净化主要是利用植物的根系吸收水中的营养盐物质，例如总磷、氨氮、有机物等，减轻水体由于封闭或自循环不足带来的腥臭、富营养化现象。有研究在甲鱼养殖外塘水体中设置空心菜生态浮岛，通过实验证明，该生态浮岛可显著降低水产养殖废水中氨氮、COD、总氮、总磷浓度，改善水体质量。利用巴拉草（*Brachiariamutica*）和短叶茳芏（*Cyperus malaccensis Lam. var.brevifolius*）构建植物浮床，发现其可有效去除化学需氧量（COD）、氮磷和磺胺嘧啶。

三、生态净化塘技术

生态塘一般用于污水的深度处理中，使用天然或人工池塘，也被称为深度处理塘。进水的污染物浓度不能过高，通过在塘中种植水生植物、养殖水生动物，人工构建一个生态系统。太阳能作为初始能源，通过生态塘中多营养级之间的物质转化和能量传递，将进入塘中的污染物进行分解和转化。该系统由缺氧池、好氧池和水草池组成，旨在在多栖息地系统中实现协同处理效果。该系统集同化、分解、截留、吸收、吸附、过滤等处理效果于一体，其运行原理如图3-19所示。

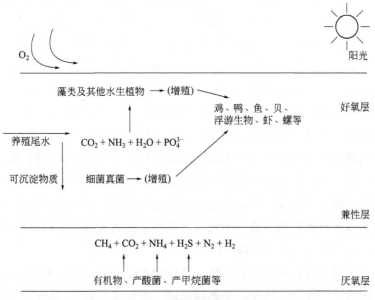

图3-19　生态塘系统运行原理

生态塘不仅可以去污，还可以通过水生植物和水生动物的养殖等进行资源回收和养殖获利，使污水去除和养殖利用相结合。这种生态池塘系统具有投资少、运营少和管理少的优点。通过高效新型池塘系统的研究、开发和应用，生态池塘系统获得了新的发展。

生态塘在污水处理和资源化利用方面，有很明显的优势：

（1）结构简单，就地建设　生态塘一般建在养殖区域附近，一般占总养殖面积的10%～20%，设置在养殖池塘的下游或地势低洼地区。

（2）可以实现污水的回收再利用　处理过的养殖尾水，不仅可以继续养殖水产品，还可以用于农业灌溉等，使经济效益大大增加。

（3）处理成本较低　不仅是在处理污水方面，在维护设施方面，生态塘的建设及运行成本都较低，太阳能为生态塘中的藻类及植物提供了能量，并且使水体保持适宜的温度。藻类、细菌、微生物、水生动物等进行正常生长代谢，净化污水，降低有机质的浓度。

（4）美化环境，建立生态景观　生态塘由于丰富的水资源，周围会形成稳定的植物群落，可以作为良好的生态景观。且经过处理的水引入其他人工湖中，也可以作为景观供游览。

生态塘种类包括厌氧塘、兼性塘、好氧塘、水生植物塘、养鱼塘、水禽养殖塘和贮存塘，并通过不同的组合形成了多样的生态结构。

传统的生态净化塘多含有细菌和藻类以帮助塘内的有机污染物进行转化，将其转化为二氧化碳、水、氨氮、硝酸盐、磷酸盐等产物。藻类通过光合作用，又吸收利用了这些物质，大量的营养物质使得藻类增殖，同时释放出氧气，能够作为好氧细菌的氧源，使其继续氧化降解有机质。但是传统的生态净化塘由于只有分解者和生产者，使得水体中的TSS和BOD含量越来越高，对水体造成了二次污染，和尾水处理初衷相悖。要改善这种情况，需要在生态池中加入微孔过滤、絮凝、沉淀池、空气浮选池等过滤装置，但是增加了器材与维护成本，不符合建设生态塘的最初理念。现在很多生态塘添加了捕食者这一群体，根据需求配置相应的动物，引入生长能力较强的滤食浮游生物及草食性杂食性的水生动物，如螺蛳、蚌、花白鲢、草鱼等。生态净化塘应该定期维护，避免由于废水中有机质过高，造成水体富营养化或鱼类等动物对环境不适应而大批量死亡。生态净化塘的缺点是易产生不良气体和滋生蝇虫。

经过人工潜流湿地净化后的水体，污染物水平降低，如需要深度净化，可设置生态净化塘进一步净化修复。生态净化塘一般设置在养殖池塘的下游或地势低洼区，面积为养殖区的10%～20%。生态净化塘一般由深水区和浅水区组成，其中浅水区水深不超过0.5m，合理搭配种植对氮磷吸收效果好且根系发达的水生植物，如美人蕉、旱伞草等；在适当水域种植功能性水生植物以修复水体生态，如粉绿狐尾藻等；在池底局部密布生态基填料，对水体中污染物进一步进行降解。当水质恢复到一定程度后，投加水草、螺、蚌及鱼类等，布设水下森林系统，以恢复水体食物链。在深水区设置人工浮床、微生物附着基等，通过固化微生物技术促进水体自净和水体溶氧的提高。当水产养殖规模较大，养殖尾水中污染物浓度过高的时候，可通过对不同生态塘的组合，使得生态塘的净化处理更加高效，如图3-20所示，通过连接厌氧塘、兼性塘、好氧塘、水生种植物塘、水禽养殖塘，从而高效处理尾水。

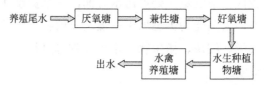

图3-20　新型示范案例尾水生态处理系统流程图

四、生态沟渠技术

生态沟渠是指具有生态功能的沟渠生态系统，通常是由一定宽度和深度沟渠、水、土壤和生物组成，具有自身独特结构，如图3-21所示。生态沟渠能够通过截留泥沙、土壤吸附、植物吸收、生物降解等一系列作用，减少水土流失，降低进入地表水中氮、磷的含量。

生态沟渠的类型主要包括：固着藻类生态沟渠、水生植物生态沟渠、灌区生态沟渠、湿地生态沟渠等。其主要特点如下：①由工程和植物两部分组成的生态拦截型沟渠系统，其能减缓水流速度，促进流水携带的颗粒物沉淀，同时吸收和拦截沟壁、水体和沟底中溢出的养分，水生植物的存在可以加速氮、磷的界面交换和传递，从而使养殖尾水中氮磷浓度迅速降低，具有良好的净化效果；②收割植物解决二次污染问题，沟渠中水生植物对污水中的氮、磷有很好的吸收能力，水生植物能被农民收割，解决了二次污染问题；③建造灵活、无动力消耗、运行成本低廉。运用生态沟渠技术进行海水养殖尾水处理时应定期管护，并对生态净化效果进行监测以便不断优化。

图3-21　生态沟渠实景图

生态拦截型沟渠系统主要由工程部分和生物部分组成，工程部分主要包括渠体及生态拦截坝、节制闸等，生物部分主要包括渠底、渠两侧的植物、浮游生物及塘内动物等。两侧沟壁和沟底由蜂窝状水泥板等组成，两侧沟壁具有一定坡度，坡度根据需求设置，沟体比较深，沟里相隔一定距离构建小坝减缓水速、延长水力停留时间，流水中携带的颗粒物质和养分等可以被拦截和去除（图3-22）。

生态沟渠通常采用梯形断面和植生型防渗砌块技术，系统主要由工程部分和植物部分组成，其两侧沟壁一般采用蜂窝状水泥板。可以通过节制闸连接不等高的生态渠。选择生命力强、净化能力强、根系发达的植物作为生态沟渠的主要植

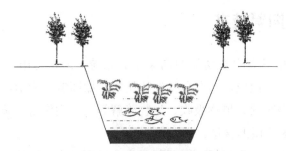

图3-22　生态沟渠结构剖面图

物，能够吸收废水中的氮磷等元素，从而降低水体中的有机质。例如马尾藻、芦苇、茭白、梭鱼草等大型藻类或水生植物均可在生态渠中局部种植。拿梭鱼草来说，梭鱼草就是多年挺水植物，根系发达、喜欢在潮湿肥沃的地方生长，是一种很好的固土护坡植物，在人工湿地中有大量应用，非常适合应用在生态沟渠中。同样，大部分根系发达的植物在生态沟渠中还可以起到缓冲减速、拦截吸收的作用，从而使净化效果更好。

　　大部分生态沟渠都是靠植物吸收有机质去净化水质，由于植物存在生长周期，所以对水中氮磷的吸附较慢。而且植物在适宜季节吸收氮磷之后，植物衰老期由于枯萎腐烂等还会释放到沟渠之中，没有及时收割的话，就会使得生态渠造成二次污染。大部分野生沟渠中，植物经济效益低，人们不愿意进行收割。如果生态渠中种植茭白等经济型植物，就可以促使人们进行二次收割，有效防止衰老型植物向沟渠释放氮磷造成二次污染。生态渠中的植物对氮磷的吸收也是有限的，如果在渠中种上茭白、水稻、空心菜、甄豆等，增加生物种类和群落结构，合理搭配种植，充分利用渠中空间，不仅能够提高水体的净化程度，还可以带来部分经济收益。

第四章

海水养殖尾水处理工艺方案与工程实例

第一节 海水养殖尾水处理工艺方案

一、工厂化养殖（育苗）尾水处理工艺方案

随着我国经济高速发展和人们对物质需求的提高，海产品的需求量逐年增大，加上设施渔业装备制造水平的提高，使得我国人工养殖海产品产量持续升高，人工养殖海产品产量占比也不断攀升。2021年中国渔业统计年鉴显示，2020年，我国海水工厂化养殖规模达3941.0万立方米水体，总产量达32.5万吨，占海水养殖总产量的1.5%。虽然我国工厂化水产养殖面积和产量位居世界前列，但相比于其他国家，养殖技术仍需提高，工厂化养殖模式仍以流水养殖和半封闭式循环水养殖为主。目前，我国人工养殖海产品主要集中在近岸或近海，深海养殖受经济和技术限制无法大规模实施，导致了近岸或近海过度开发，养殖密度持续增大，如常见的工厂化养殖密度是传统流水养殖模式的数倍。一般来说，高密度养殖区污水排放也比较集中，但受纳海域环境承载能力有限，由此导致水体长期富营养化，底质持续恶化，进而破坏整个近岸海域的生态环境。

所谓海水工厂化养殖，即利用生物、化学、机械和自动化控制等技术装备养殖车间，通过人工控制养殖水体的溶解氧、饵料、温度和光照等因素进行的海水养殖活动。工厂化养殖是一种依赖人工控制的水产养殖方式，是养殖生产的工业化，其特点是不受自然条件限制，可实现高密度水产品精准养殖。根据养殖换水方式和水质利用形式，工厂化养殖分为工厂化流水养殖模式（如传统陆基构筑物养殖模式）和工厂化循环水养殖模式。从技术发展历程来看，海水工厂化循环水养殖是海水工厂化流水养殖的升级阶段，随着配套装备和技术的提升，循环水养殖模式也会被更高级的养殖模式替代。但是，受前期投资大、管理要求高制约，

工厂化循环水养殖技术推广相对较难。

传统流水养殖工艺主要通过潮汐周期换水或人工定期机械换水,水源主要是自然海水或近岸地下卤水。工厂化流水养殖模式是通过人工控制养殖环境,利用持续流动的水进行养殖的鱼类养殖方式,具有投入和占地少、设施简单、周期短、产量高等特点,主要应用于耗氧量高的经济型鱼类。这种养殖方式有利于鱼类生长发育,最大限度地发挥鱼类的生长潜力,但是该工艺用水量和污染物排量也相对较大。进水经过简单过滤或物理沉淀、消毒和调温后,即进入养殖池,经过一定使用周期(1天数次或数天1次)后,养殖尾水直接排入海中,其典型代表为大菱鲆流水养殖模式。大菱鲆养殖受温度限制,养殖水主要是深井卤水,经过预曝气和调温后,在蓄水池备用。工厂化大菱鲆养殖每1～2天换水一次,换水率高。换水过程中,人工刷洗池底、池壁,出水经过简单自然沉降,将残饵和粪便截留后直排入海。

相比于传统流水养殖工艺,海水工厂化循环水养殖可以实现水体循环利用,能够综合运用沉淀、过滤、生物/生态处理技术、杀菌消毒以及增氧控温等技术,将外来污染源和病原体带来的危害降低,实现对海水养殖尾水的资源化循环处理。海水工厂化循环水养殖是一种绿色健康的养殖模式,立足于资源的无害化处理与循环利用,将养殖技术和循环经济理论紧密结合在一起,促进实现水产养殖的可持续发展。首先,从经济效益角度来说,循环水养殖模式改变了传统养殖方式的高投入、高消耗、低效率的现状,通过运用各种手段,实现了对养殖水的循环利用和养殖环境的自动控制以及高达96%的水体回用率,减少了外界环境对养殖过程的影响,化解了养殖生产和市场需求之间的季节性、周期性和地域性的矛盾,有效解决了养殖水资源浪费、冬夏季换水调温能耗巨大等问题。但是,养殖水在重复循环利用过程中,积累了更多的污染物,对受纳海域的潜在危害更为明显。

(一)工厂化养殖污染物分类

1. 工厂化流水养殖尾水污染物

工厂化流水养殖与传统流水养殖模式相似,养殖尾水经过自然沉降,直排入海。直排尾水中主要污染物为残饵、粪便、少量有机物、氨氮、活性磷酸盐,以及极少量的硝酸盐。一般来说,传统流水养殖经过简单自然沉淀后排放入海,固体废弃物截留效果差,高固含量尾水排放对受纳海域水环境潜在危害极大。由于工厂化养殖病害较重,需要定期进行消毒、杀菌,因此,尾水中COD和残留药物也会周期性升高。根据污染物形态,工厂化流水养殖尾水污染物分为不溶性固体有机物、溶解性鱼类尿液、小分子氨基酸、蛋白质和重金属盐类等,同时还含有少量消毒、杀菌化学药剂及其衍生物质。

2. 工厂化循环水养殖尾水污染物

相比于传统流水养鱼，工厂化循环水养殖可以实现水体循环利用，能够综合运用沉淀、过滤、微生物处理、杀菌消毒以及增氧控温等技术将外来污染源和病原体带来的危害降低，实现对海水养殖尾水的资源化循环处理。残饵、粪便是工厂化循环水中的主要固体污染物，但经过物理过滤后，可以从循环水中分离出来，大大降低了尾水中污染物的浓度。残饵可以通过精确投喂减少，而粪便必须经过机械过滤排出系统。工厂化循环水通过内部生化处理，水中悬浮物和COD浓度可以降至10mg/L和20mg/L，但是硝酸盐氮、游离活性磷含量会比较高，换水量越少，累积的氮、磷含量就越高。在国外的一些循环水系统内，无机氮（主要为硝酸盐氮）可以达到200mg/L，无机磷酸盐可以超过20mg/L。但是，循环水养殖模式尾水的排放量仅为工厂化流水养殖模式的1/60至1/10，虽然尾水中积累了较多的无机氮、磷，但其氮、磷的排放总量仍远低于工厂化流水养殖模式。

（二）工厂化海水养殖尾水处理工艺

目前，国内针对海水养殖尾水处理的研究尚处于起步阶段，且主要在实验室模拟处理阶段，未见相关大型应用研究。由于海水盐度大，较强的离子效应加大了处理难度，目前主要采用常规的物理、化学、生物和生态等技术处理养殖尾水，降低COD、悬浮物、无机氮和磷等污染物含量，而专门针对海水养殖尾水处理的组合工艺较少。

从环境工程角度可将工厂化海水养殖尾水处理技术分为两类，分别是脱氨（NH_4^+-N）为主型和脱硝（NO_3^--N）为主型，二者分别对应于工厂化流水养殖工艺和工厂化循环水养殖工艺，其核心工艺均是通过细菌、真菌、藻类和高等植物的代谢活动去除或转移污染物，具体涉及的生化反应如图4-1所示。

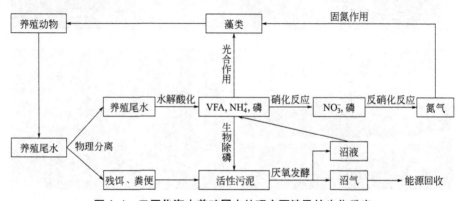

图4-1　工厂化海水养殖尾水处理主要涉及的生化反应

1. 脱氨（NH_4^+-N）为主型尾水处理工艺

工厂化流水养殖换水频繁，水中污染物多以新鲜残饵、粪便为主，这些尾水经过物理过滤和简单生化处理，辅以人工湿地进行深度处理可以达到排放标准。处理此类尾水的核心工艺是物理过滤，通过物理法将新鲜残饵和粪便捕捉、转移，并进行集中处理或处置。残饵、粪便是一种固体有机废弃物，宜采用厌氧发酵产沼气工艺进行资源化回收和废物处理。产生的清洁能源（沼气）可直接燃烧或用于发电，沼渣、沼液可以用作绿化用土或湿地补充肥，亦可用于鱼类天然饵料。

养殖尾水进入斜管/斜板沉淀池缓慢沉淀，定时、定量排泥，截留的有机固体废弃物外运进行集中处置（厌氧发酵或好氧堆肥）。经过物理过滤残饵、粪便，能够将尾水中大部分污染物转移或去除。剩下的上清液可以通过微生物脱氮和生态净化组合技术进行处理，进一步去除水里的有机物、氨氮、磷等营养物质。水质生态净化技术又称为植物修复技术，是一种以水生植物群落为核心的脱氮、除磷技术，主要通过植物自身及其共生生物（如根际微生物）协同去除水体中污染物。我国常用的生态技术有人工湿地、生态浮岛和人工沉床等（图4-2）。由于尾水中污染物浓度低，所以可利用河道、沟渠进行适当改造，从而增加微生物附着载体，强化微生物脱氮。尾水中溶解氧浓度较高，水中氨氮很容易被硝化细菌氧化，然后被生物膜内部的反硝化菌分解为氮气。水中残留的少量氨氮、硝酸氮和营养盐，可以通过植物光合作用深度吸收和转移。研究表明，通过投加植物碳源

图4-2 人工生态湿地景观

（玉米秸秆、玉米芯或芒草）处理海水循环水养殖尾水，能够使人工湿地硝酸盐氮去除率达到90%左右，这充分证明了微生物脱氮的可行性，同时磷酸盐也能被植物吸收。

　　人工湿地的建设非常注重美观，如常见的生态池塘、生态浮床、喷水景观水系等，能够充分发挥人工湿地的生态服务价值，不但能够净化水质，还能美化环境，并创造更高的经济和社会价值。生态净化水质的核心工艺环节为残饵、粪便的物理截留，只有最大程度地拦截固体有机废物，使尽量少的污染物进入尾水，才能减轻生态处理环节的处理负荷，保证生态系统的稳定运行。但是，这种生态净水工艺占地面积大，如果养殖区无闲置土地用于生态工程建设，可以考虑改造排水沟渠。为了减轻植物净水压力，可以强化微生物脱氮、除磷，或者进行贝藻混养，发挥微生物、贝类和藻类或高等植物的协同净化水质功能。

图4-3　养殖尾水脱氨工艺示意图

　　养殖尾水脱氨工艺（图4-3）的核心技术包括：①一级物理沉淀。通过控制水力停留时间（HRT），使水体中残饵、粪便重力沉降，然后通过水底布置的污泥收集设施定期排泥。浓缩后的残饵、粪便进入污泥压滤机，泥饼外运集中处置、处理。此外，沉淀池应定期清淤。②二级景观辅助型生化工艺。该工艺包括固定床生物膜工艺和生态浮床工艺，以生化脱氮、除碳为主，生态脱氮、除磷为辅。固定床生物膜工艺利用微生物纤维填料固定于水下，以漂浮植物床为掩体，利用微生物的分解和代谢作用强化脱氮、除碳；生态浮床利用植物辅助吸收水体中的无机氮、磷等营养元素。在微生物填料下面铺设曝气装置，增氧除臭，强化好氧生物代谢。水生植物应定期收割。③三级景观生态。根据水质透光度，填充浅水藻类附着填料，通过藻类生物膜深度吸收氮、磷。另外可选择建造跌水阶梯、太阳能喷水装置，一方面为了水体增氧，另一方面可用于造景。池塘底部可选择播种少量贝类或螺类，辅助滤食颗粒有机物或藻类等。处理后的废水进入景观蓄水池塘。

　　对于养殖大户或产业园区，海水养殖尾水可以采用集中处理的方式。以户为单位建立尾水处理站，具体工艺流程如图4-4所示。通过一级物理过滤/沉淀分离单元截留残饵、粪便等大颗粒有机废弃物，将其外运至固废集中处理中心统一处置。根据处理成本和工艺要求，应限制有机废物含水率，并按干基重量收取处理费。上清液采用生物滤池或生物膜工艺去除水中的有机碳、有机氮和氨氮等，残留污染物主要是少量的硝酸盐氮和活性磷酸盐，二者均为植物营养元素。养殖户处理后的尾水统一排入沟渠或河道，沟渠或河道内养殖滤食性贝类和杂鱼等，可辅以植物浮床辅助脱氮、除磷，并美化环境。最后，可选择性地增加人工湿地净水单元，通过植物和微生物极限脱氮、除磷。同时，根据公共处理设施的负载能力，统筹养殖户按时、按流量排放尾水。植物修复技术受季节性水温变化的影响明显。一般来说，温度高于10℃时，可以考虑利用高等植物除磷；温度低于10℃时，可以考虑利用大型海藻或微藻除磷。藻类主要用于极限脱氮、除磷，这主要依靠植物的光合作用将氮、磷等营养元素摄入到藻类细胞内，用于细胞体内有机物质的合成。冬季低温时，植物代谢缓慢、甚至死亡，可以采用温室养殖微藻，进行深度脱氮、除磷。鉴于冬季温度低，生化、生态处理单元停止运行，所以排污指标也应予以放宽。

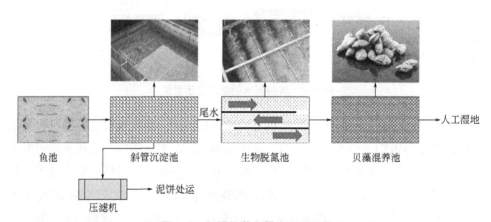

图4-4 规模化养殖尾水处理工艺

针对养殖区的分散农户，可以借鉴城镇生活污水处理模式，由地方政府管控渔业用水量，并集中处理尾水。每个农户的养殖尾水经过自建斜管/斜板沉淀池截留残饵、粪便，固体废弃物外运集中处置，上清液排入公共排水沟渠或管网。地方政府以排污许可证审核形式，监控每户排污量，并根据排污量收取排污费。同时定期抽检尾水氮、磷和悬浮物浓度等指标，其中，氮、磷排放指标可适当放宽。河道内填充微生物附着填料或大型砂砾，并底播滤食性贝类，最后进入人工湿地极限脱氮、除磷。河道集中处理设施由政府牵头组织或外包专业公司运营管理。具体处理工艺如图4-5所示。

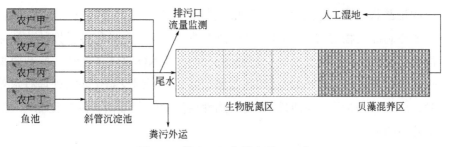

图4-5　散户工厂化尾水处理工艺

2. 脱硝（NO_3^--N）为主型尾水处理工艺

工厂化循环水属于半封闭系统，与传统工艺相比，每日更换水量仅为5%～10%，出水主要含硝酸盐、活性磷和少量悬浮物，且水中溶解氧浓度极高。尾水的脱氮、除磷可以通过活性污泥法，利用反硝化工艺将硝酸盐转化为氮气，少量磷被微生物摄取合成细胞有机结构，以有机磷形式排出。如果采用传统生物脱氮处理技术处理尾水，必须克服高盐、低COD/N，否则出水硝态氮、活性磷酸盐浓度均不能达到排放标准，还需辅以有效的生态手段进行深度脱氮、除磷。但是，植物对硝酸盐的吸收效率远远低于其对氨氮的吸收效率，因此，尾水中的硝酸盐应尽可能通过反硝化途径去除。而且，在冬季低温地区，开放式生态系统应用受限。藻类适合用于室内大规模养殖处理尾水，且微藻类产品，既可以作为植食鱼类饵料，也可直接作为化工原料出售，通过微藻养殖可以兼顾磷的去除。

（1）反硝化滤池-生态组合工艺　该方案主要通过反硝化生物滤池进行深度脱氮，该过程需要添加少量工业乙酸钠或葡萄糖等有机物作为反硝化过程的碳源，添加比例为COD：TN>5：1。磷酸盐的去除主要是依靠生物、生态除磷，即细胞摄取磷酸盐进入体内，而后通过转移生物有机体的形式将磷酸盐从水中去除。

反硝化滤池根据水力流态分为上流式和下流式两种形态。上流式的反硝化滤池中污水从下往上分为配水区、承托层、填料层和清水区，而下流式的反硝化滤池中污水从滤池上部配水槽进入滤料区，滤池从上往下分为配水区、填料层、承托层和出水收集区。滤池承托层由滤板、滤头、承托滤料组成，在承托层的滤板下布置新型的滤池作为反冲洗系统（包括反冲洗水管路、反冲洗气管路），将滤头优化为方便布水、布气的新型滤砖，优化反冲气水分配。滤料可以选择鹅卵石、砾石、陶粒、火山岩和廉价的海砂等。上流式滤池冲洗方向和进水水流方向相同，因此在滤池的出水区常常会有一个大的缓冲池或配水区，用于收集大流量反冲洗废水。反硝化滤池兼具过滤作用，出水悬浮物浓度可以满足悬浮物排放要求。正常来说，传统反硝化滤池无需在滤池中增加曝气设备，但是，海水中含有高浓度的硫酸根，在厌氧条件下，硫酸根与有机物反应生成大量硫化物/硫化氢气体，还原态硫化物对海洋生物具有较强毒性。然而，反硝化可以抑制硫还原过程，但受C/N/S比值影响较大。一般来说，SO_4^{2-}：NO_3^-为1：1时，抑制效果最佳，较低的COD含量有利于提高抑制效果。因此，利用反硝化滤池处理海水养殖尾水时，应适当增加曝气以抑制氧气敏感性硫酸盐还原细菌。反硝化滤池-生态组合工艺如图4-6所示。

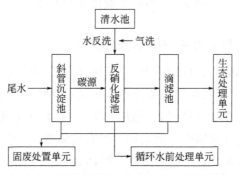

图4-6 反硝化滤池-生态组合工艺示意图

（2）固定床反硝化-生态组合工艺 该技术方案与反硝化滤池-生态组合工艺相似，但其对悬浮物的截留能力稍差。固定床反硝化工艺采用连续流方式运行，操作与运行相对简单。因此，微生物脱氮单元出水增加了生态处理单元处理负荷，如图4-7所示。

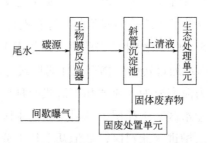

图4-7 固定床反硝化-生态组合工艺示意图

海水养殖尾水处理尚处在起步阶段，但在环境工程领域，相关技术应用已经比较成熟。海水养殖尾水污染物浓度较低，不同养殖鱼类的投喂方式、投喂量、水温要求、换水频率、换水量也不相同，这些都导致尾水水质不尽相同，加上高盐环境对微生物活性的抑制，为工程应用增加了难度。因此，海水工厂化养殖尾水处理工艺应该灵活组合，可以借鉴淡水工厂化养殖尾水处理模式，强化微生物硝化反硝化脱氮，辅以生态除磷。

海水工厂化养殖尾水固体有机废弃物也应合理处置。有条件的可以效仿城镇污水处理厂剩余污泥处理模式，采用高强度固液分离措施（压滤或离心脱水）来降低固废中含水率。低含水率有机固废可以通过淡水重悬，进行厌氧发酵，也可以直接与其他低含盐量有机固体废弃物（市政剩余污泥、餐厨垃圾、畜禽粪便和秸秆等）混合发酵，以此实现沼渣、沼液的多元化利用，如加工成有机肥、回填土或绿化土等，实现有机废物的资源化、减量化和无害化。

（三）工厂化育苗的生产过程和污染环节

工厂化育苗也是工厂化养殖模式的一种，目前普遍采用传统的升温流水养殖模式，水资源浪费大、能耗高。幼苗培育过程对水质要求高，尤其不能有竞争性天敌或者病毒细菌在系统内滋生暴发。一般使用杀虫剂和抗生素就是要杀灭外来生物的侵入。

在工厂化育苗生产时，在倒苗和清池阶段，使用敌敌畏等农药可以有效杀灭水中、池底的苗种天敌。也可使用某些抗生素来治疗苗种细菌感染，使用后的废水不加任何处理会对环境造成生态污染。周边海域长期使用此类化学物质，会造成生物抗药性。

废水中的大量细小悬浮物来自于海参饵料中各种磨碎微藻、扇贝边、鱼粉、海泥等。由于海参自身的消化特性，其排泄物中有机物含量较高。这些有机物混杂、黏附在直径为0.01～0.2mm的海泥颗粒上，在曝气搅动下分散在池内水体中不易沉降。在换水时，全部被排放到周边环境中。而且高温期有可能因腐败变质危害自身生产用水水质。因此，悬浮物和有机物污染是育苗生产的又一大特点。

工厂化海参育苗的主要过程包括：当海参胚胎发育成小饵幼体时要进行选育，一般采用NX79尼龙丝网拖选或虹吸选育中上层幼体，培育池密度控制在0.5个/mL左右。刺参幼体的适口饵料有盐藻、角毛藻、叉鞭金藻或代用饵料如鼠尾藻磨碎液等。投喂时一般遵循少投、勤投的原则，不可一次投喂过多，否则刺参幼体易消化不良。在浮游幼体培育期间，刺参一般不倒池，水质改善主要通过换水来实现，每日换水2次，每次换水1/3～1/2，每隔一小时用翻水板上下翻动池水1次以使幼体均匀分布。一般每隔3～4天用虹吸管清底1次，把池底的残饵、排泄物、原生动物等清除出去，清除的污物集中处置。

当20%～30%幼体发育至樽形幼虫时，即可投放稚参采集器。采集器经过10～20天的预接种，附着基上面附着一层底栖硅藻，稚参采集密度不宜过大，一般为0.5头/cm。体长小于2mm的稚参，以附着基上底栖硅藻为主要饵料，也可以投喂一些单胞藻类，并逐步增加光照强度，使附着基上的底栖硅藻得以繁殖。随着稚参的生长，需要及时补充新的底栖硅藻及鼠尾藻磨碎液，当稚参体长超过2mm时，可完全以鼠尾藻磨碎液为饵料，每日投喂4次。稚参培育过程中水质改善采用流水方法，通常每天流水4～6次，每次1小时，日流水量为培育水体的2～3倍，如果水温较高时则需要增加流水量，此后，需要根据海参苗生长情况和水质情况进行阶段清底、倒苗。综上所述，海参育苗过程存在人工投饵环节，且换水频繁，潜在污染很大。

（四）工厂化育苗水污染控制工艺及方案

目前环境监管在农药和抗生素方面存在一定的空白。如何降低或杜绝农药及抗生素的使用是从源头上解决问题的思路。使用循环水工艺是切实可行切断外源病毒和敌害进入育苗生产系统的有效途径。当细菌病毒和虫害被控制在循环水系统之外，不但可以节省药剂费用，更有利于保护海域生态环境健康。使用部分或全部循环水育苗的方式，还易于分离、收集残饵粪便，过滤悬浮物，降解有机物，可及时杀菌消毒、降低温控能耗。

育苗水污染控制原则可以主要从几方面开展：①减少和消除生产过程中的污染物，实现常规氮磷污染物的减量化并达标排放；②降低抗生素和杀虫剂使用的频率，从源头控制环境激素类污染物的产生和排放；③做好偶发产生的抗生素和杀虫剂废水无害化控制，消除对生态环境的累积威胁。

根据实际育苗品种和水质特点，主要工艺流程及特点列举如下。

（1）以普通1万立方米的海参育苗车间为例，采用传统养殖车间内的传统养殖池进行改造（图4-8）。循环水系统处理水量可以确定为80t/h。具体工艺为：提升泵直接抽吸养殖池内水体，打入斜板沉淀池（20个水池，400m³）进行残饵、粪便的固液分离。之后打入生物滤池（20个水池，400m³）完成悬浮物沉

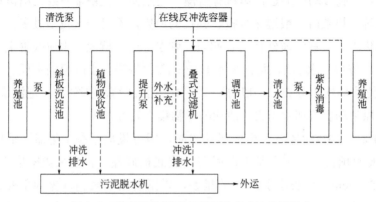

图4-8　海参育苗循环水处理技术（生物滤池）

淀和氮磷污染物的去除。沉淀池和生物滤池本身有调节能力，可以调节600m³水体，无需设置污水池。末端使用38个养殖池作为清水储水池，可以快速补充养殖用水。生物滤池采用内循环曝气形式，充分分解有毒污染物。设备占用2个水池。单独源水处理部分为虚线框内流程，可以作为生产必须处理环节先行投资建设。

（2）以藻类育苗为例，仍然采用传统养殖车间内的传统养殖池进行改造（图4-9），以便降低处理尾水土建费用。藻类等育苗尾水可以利用提升泵直接抽吸养殖池内水体，打入斜板沉淀池进行大颗粒悬浮物的快速沉降（2个水池，40m³），之后自流入植物吸收池（18个水池，360m³）进行碎屑杂质的沉降和吸收尾水中过剩氮磷营养盐和微量元素。出水经提升泵打入叠式过滤机滤除极细小微颗粒、死亡微藻和敌害微生物等，之后流入清水池蓄水调节使用（18个水池，360m³）。清水池末端设置浸没式紫外杀菌装置，确保进入养殖池内的水没有致病菌和病毒等。冲洗水经过污泥脱水机脱水形成泥饼外运。

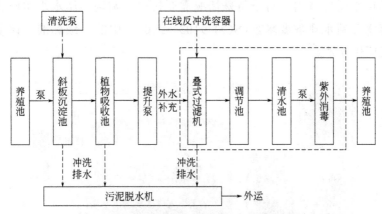

图4-9　藻类育苗循环水处理技术（植物吸收）

对于育苗水体量小于1万立方米的项目，本身养殖规模较小不具备规模效益，推荐修建一定蓄水量的沉淀池进行尾水充分沉淀，根据情况，沉淀后的尾水集中由处理站进行处理外排，处理站处理工艺可以选用方案1或2；对于育苗水体量大于1万立方米的项目，可以根据育苗车间分布情况，选择多套系统分别进行处理。不宜将全部水体汇总后处理，否则会降低处理独立性和工艺安全性。

（3）抗生素和农药类尾水处理　育苗入池消毒和药浴产生的废水属于环境激素类废水，此部分废水水量较小，但抗生素和消毒剂含量较高。

抗生素残留尾水对周边生态环境影响较大，除了会破坏原有水环境生态平衡，还会产生耐药性的细菌病毒，导致水产养殖生产自身的潜在疫情暴发风险。

目前研究结果显示，UV-Fenton工艺在技术经济性上较为适合养殖尾水处理。相关技术原理部分详见第三章。

处理工艺设计需要根据项目现场条件和育苗水体量，以现代渔业园中的废水（水体量为75t/d）为例，处理工艺设置如下：

①光芬顿流化床：罐体及机电设备可以露天放置，占地面积约20m²。罐体Φ2.5×3.0m两套并联，水泵Q=4t/h，H=20m，计量泵10L/min四套，在线监控装置1套，药剂装置（200L）。

②调节池：调节中和水质水量，保持水质水量稳定，以便于处理系统稳定运行。有效容积200m³。

（五）海水工厂化养殖尾水处理模式

该模式主要通过生物调控、物理调控、化学调控等方式进行循环水分流处理（图4-10）。工艺流程及处理要求：微滤机→蛋白分离器→生物滤池。原则上要求养殖用水循环使用，对于特殊情况需要排出养殖场的尾水水质应达到原农业部《海水养殖水排放要求》（SC/T 9103—2007）中的一级标准。该模式适用于海水工厂化养殖。

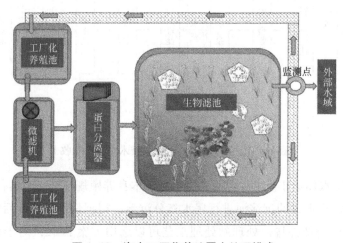

图4-10 海水工厂化养殖尾水处理模式

（六）海水高位池养殖尾水处理模式

该模式以实施海洋生态系统食物链原理的生物净化为主，物理化学净化为辅，采用"预处理+三池两坝"处理工艺进行尾水治理（图4-11）。养殖尾水首先经排水沙井网隔进行粗过滤，分离虾壳、死虾、残饵等大颗粒污染物后，排入初沉池（一级池）进行沉淀过滤处理；再进入生物净化池（二级池）作进一步净化处理；最后进入理化净化池（三级池），经沉淀净化后排放。回收三个池的沉积物，经过干燥、集中发酵后生产有机肥料，资源化利用。

工艺流程及处理要求：生态沟渠→排水沙井网隔→初沉池（一级池）→过滤坝→生物净化池（二级池）→过滤坝→理化净化池（三级池）。原则上要求养殖用水循环使用，对于特殊情况需要排出养殖场的尾水水质应达到原农业部《海水养殖水排放要求》（SC/T 9103—2007）中的一级标准或者受纳水体接受标准。尾水治理设施总面积占养殖总面积的10%～16%。

该模式适用于沿海高位池养殖模式。

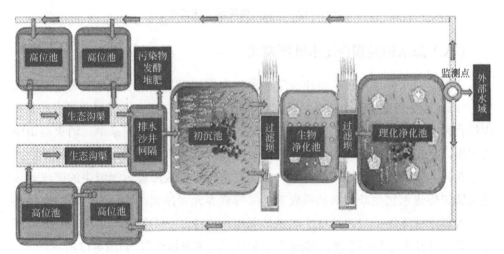

图4-11　海水高位池养殖尾水处理模式

（七）三池三槽尾水处理模式

该模式利用生物净化为主，物理化学净化为辅的方法，采用"三池三槽"生态处理工艺，形成生态多元化、结构合理、食物链丰富完整的工艺，提高污染物的去除效率，并在传统技术基础上进行改良、创新，使养殖尾水通过综合治理得到有效净化，最终实现循环利用或达标排放（图4-12）。

工艺流程及处理要求：生态排水渠→初沉池→一级过滤槽→复合生物池→二级过滤槽→多级生态滤池。原则上要求养殖用水循环使用，对于特殊情况需要排出养殖场的尾水水质应达到原农业部《海水养殖水排放要求》（SC/T 9103—2007）中的一级标准或者受纳水体接受标准。养殖尾水治理设施面积约占总养殖面积的5%～10%。

该模式适用于海水普通池塘养殖模式。

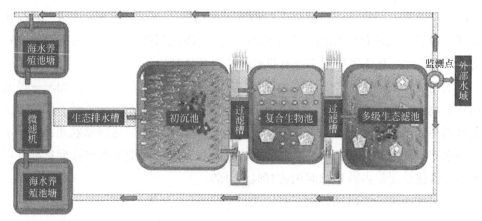

图4-12 三池三槽尾水处理模式

（八）海水稻渔耦合尾水处理模式

利用"海水养殖+海水稻种植"尾水处理模式可以构建"海水池塘+稻渔共生""海水设施养殖+稻渔共作"等形式，是典型的渔农综合循环利用模式。稻田中综合种养水稻、鱼、虾、蟹，放养的蟹、虾、鱼可消除田间杂草，消灭稻田中的害虫，疏松土壤；环田沟中集中或分散建设标准流水养鱼槽，流水槽或排污池塘集约化养殖海水鱼、虾、蟹等水产品，养鱼流水槽或底排污池塘中的肥水直接进入稻田促进水稻生长；水稻吸收氮、磷等营养元素净化水体，净化后的水体再次进入流水槽设施或排污池塘实现循环利用，形成了一个闭合的"稻-虾蟹-鱼"互利共生良性生态循环系统，实现"一水两用、生态循环"，如图4-13所示。

工艺流程及处理要求：池塘、跑道设施养殖→集污管道→海水稻田→池塘、跑道设施。每个流水槽（或相同产量的排污池塘）配套10～15亩稻田。适用于盐度1.2%以下的排放水与海水稻田耦合，高于1.2%以上的排放水需要稀释盐度后方能进行耦合。

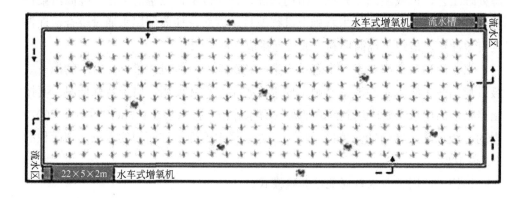

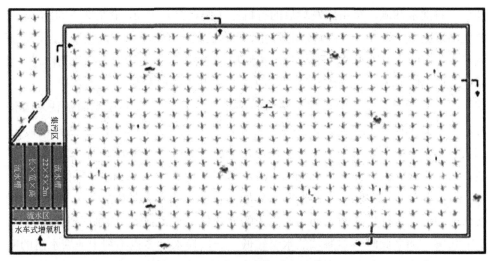

图4-13　海水稻渔耦合尾水处理模式

二、池塘养殖尾水处理工艺方案

（一）池塘养殖生产过程和污染环节

新建或清淤后的池塘，在最初1～2年的养殖生产中，一般很少发生病害，在连续从事养殖生产3年以上的池塘中，抑制刺参快速生长的因素会逐年增多：附着基的淤积导致刺参的附着空间减少；残饵、粪便以及死亡的水生动植物沉积于池底，腐烂变质后会导致底泥变黑变臭，产生大量有毒物质，引发疾病；敌害生物如虾虎鱼、蟹类与参苗争夺饵料和空间，甚至捕食参苗，容易造成刺参损伤、生长缓慢、成活率低。故池塘清淤工作极其重要。

清淤一般选择在初春或秋季水温下降到10℃左右时进行。此时气温较低、光线弱，不容易造成刺参干露排脏。清淤时先将池内刺参拣出，移到室内暂养；然后排干池水，用高压水枪喷射附着基，冲刷掉池底污泥及杂物，若池底淤泥较厚，应采用推土机清除；最后平整池底，曝晒数日，必要的时候回添新沙，然后重新摆放附着基。清淤后，选择在大潮期间纳水，之后投加繁殖基础饵料。7天后即可放苗。

水质管理是整个养殖过程中最关键的环节，应主要抓好以下几个方面的工作：

（1）肥水　肥水有利于浮游微藻与底栖硅藻的繁殖。池塘保持一定量的单细胞藻，不仅能有效吸收有机物分解产生的有毒物质，改善池塘生态环境，还可调节池水透明度，使刺参免受强光刺激，抑制水草与大型水藻的生长繁殖。肥水方法：清池后，将池水注满，每亩施发酵后的有机肥（如鸡粪）50kg，化肥2～5kg，其中氮肥与磷肥之比为10∶1；新建池塘可多施有机肥，老池塘以无机肥为主，也可施近年来上市的诸如肥水肽、藻安生等肥水快、无污染、使用方便的高效肥料。一般施肥7天后池水颜色会逐渐变成浅黄褐色，此时开始投放参苗。

（2）科学换水　刚开春时，应保持较低水位，以充分利用光照加快水温回升，促进底栖硅藻及其他浮游植物的繁殖，从而通过光合作用产生更多的氧气。较浅的水位也有利于上下层水体对流，使上层富氧水迅速传到底层，改善底层水质，防止池底缺氧。开春至4月份，池塘水深保持在0.5～0.8m，5月份后逐渐升至1m左右。刚开春每次换水量不宜太大，因越冬期间一般很少换水，突然大量换水会使池塘水环境在短时间内产生大幅度变化，导致强烈的应激反应而对刺参造成伤害。加之此时自然海域的水温较低，一次换水过多也不利于池塘水温的回升。前几次进水时每日换水量达10%左右即可，随着水温的升高进水量逐渐升至20%左右。最好选择在晴天中午或下午进水，此时海域水温较高、水质较好，有利于保持池水温度和其他理化因子的相对稳定。还要特别注意的是，冬季结冰的池塘，开春冰层融化后要及时排出表层低盐度水，然后逐渐补充新鲜海水，以防池水分层或局部盐度过低。

到了夏季高温期，池水温度达21℃以上时，成参逐渐进入夏眠期，免疫力下降，抗逆能力差，极易发病死亡，科学换水尤为重要。由于下半夜和清晨海域水温较低，最好在这个时期向池内纳水。这样能有效降低池水温度，缩短刺参夏眠时间。有条件的地方可以加注地下水或其他低温海水辅助池水降温。另外，为了避免雨后水体分层，最好采用增氧设备。

进入冬季，水温较低，池塘水环境较稳定，但浮游植物的光合作用也相对减弱，池内有害物质不能及时被氧化，适量注水能有效改善水质，为刺参的生长营造良好的生态环境。换水时要注意以下几点：冬季刺参代谢能力低，换水量较其他季节大幅度减少，越冬初期日换水量为10%左右；在水温最低的1月份可连续几天只进水不排水，保持最高水位即可；整个越冬期间，要始终维持1.5～2m的较高水位，以保持水温的相对稳定；在气温突降前，更要注意提高水位，避免水温骤降伤害刺参。另外，要注意加水时间，冬季浅海水温一般比池塘水温低，为防止池水温度因加水而降低，最好选择在晴天的午后进行。

（二）池塘养殖污染控制工艺和方案

池塘养殖尾水处理采用推流式反应器原理进行设计，在海参圈内划分净化区域进行水质净化。由于海水池塘换水一般靠潮差进水和排水，因此，根据项目所在海域属于全日潮或者半日潮类型，核算每次换水规模和方式。以10亩海参池塘养殖为例（图4-14），根据大潮排水时水位下降的程度确定净化区域水面面积（例如总水深160cm，排水下降40cm，则最大需要1/4区域划定为净化区域）。净化区域设置在排水口一端，区域内布置隔水板，使水流曲折流动，保证充分的停留时间以达到净化要求。

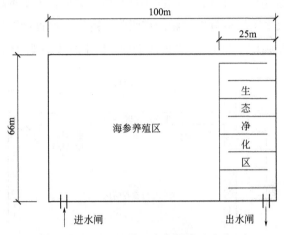

图4-14　10亩示范工程布置图（方案1）

净化区域内可正常养殖海参，不影响正常生产。净化区域内采用无扰动曝气技术，对海参不产生噪音和震动，不改变海参的生长环境。此技术在曝气同时可以交换底部不良水体，通过曝气提高池塘内溶解氧含量，尤其是接近池底部区域；破坏厌氧环境，提高好氧细菌对粪便的分解，保护水质。根据运行情况，如果净化区水质较好，可以在排放口处设置回流泵，将处理后的清洁水打入养殖区，实现内循环处理过程。

分格内设置悬浮生物填料或者养殖海水大型藻类，在每次换水期间充分处理污染物，换水时达到排放标准外排。池塘养殖废水中含有残粪等污染物，富含氮磷等营养元素。通过生物资源化复合单元中的藻、菜环节把废水中的营养盐等废物作为资源回收利用，既促进了藻、菜的生产，也净化了水体。同时，为确保天气、温度和水力冲击等原因，系统中要添加一部分生物填料，并保证一定的微生物数量。

目前所使用的工程藻种类包括孔石莼、极大硬毛藻、浒苔、多管藻、蜈蚣藻、刺松藻、角叉菜、龙须菜等工程克隆海藻。海水藻类吸收养殖废水中的TAN、NO_2^--N、P等，可以完全净化养殖水中的各种污染物，最终使养殖排放的废水达到二类海区的水质标准。培育的藻类可以用于鱼类配合饲料或者海参饲料的一部分，或者直接到市场销售。

池塘清塘时，外排残留污水必须经过净化区域的净化，并延长停留时间，达到排放标准后方可进行外排。

根据池塘外形情况，净化区域也可以设置在海参池四周，区域内布置气升装置，使水流推流流动，详见图4-15布置。净化区域内可正常养殖海参，不影响正常生产。净化区域内采用接力式曝气推水技术，对海参不产生噪音和震动，不改变海参的生长环境。确保在曝气同时可以交换底部不良水体，又可以水平推动水流流动，充分使污染物与藻类或生物填料频繁接触而被吸收；跑道内设置悬浮生物填料或者养殖大型藻类，在每次换水周期内充分处理污染物，换水时达到排放标准外排。

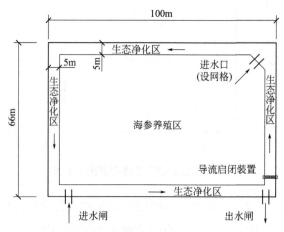

图4-15　10亩示范工程布置图（方案2）

对于规模较大池塘，可以参照方案1或2的工艺流程，进行工艺参数的调整，完成尾水排放前的就地处理。因池塘规模较大，需就近增加太阳能发电站保证电力供给。

工艺中采用的"无扰动曝气技术"为大连海洋大学科研成果："工厂化水产养殖无扰动曝气除沫系统"（授权号：ZL201320727060.4）和"水产养殖及净化一体设备"（授权号：ZL 201710557375.1）中的部分技术内容。达到的技术效果包括：①曝气对池水无扰动，悬浮物基本沉于池底；②去除水面上产生的泡沫浮沫，使池水清澈，易于看见池底；③减少池水与空气的热交换，池水温度变化缓慢；④提高池底溶解氧浓度，减少厌氧环境条件，减少有毒物质产生的风险。该系统的侧视图如图4-16所示。

相关的技术原理主要涉及：通过在提升管内曝气，使曝气过程与养殖水体分离，使池水不产生扰动。曝气产生的低密度气水混合物，使管内外的水流在压力差的作用下流动，流量可随气量变化。曝气提高溶解氧的同时，驱动池内水流循环流动。

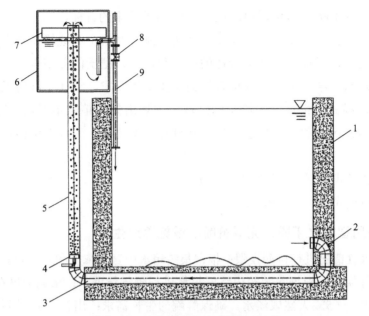

图4-16 无扰动曝气除沫系统示意图

1—养殖池体；2—吸水口；3—吸水管；4—曝气头；5—提升管；6—水位控制箱；7—除沫口；
8—调节阀门；9—出水管

具体实施方式（图4-16）为养殖生物位于养殖池中，养殖用水通过吸水口进入吸水管。在曝气头处与空气气泡混合后，经过提升管提升后进入水位控制箱。气体在水位控制箱的除沫口溢出。经过曝气的水经过调节阀门出水管流回到养殖池中，完成循环。

系统中吸水口宜布置在远侧池壁上，吸水管可以布置在池底底板或者池体侧壁结构中，也可以布置在底板以上。曝气头布置在提升管中，外接增氧泵。水位控制箱高于水池。其内水位要保持一定高度，以防止浮沫随水流经出水管流出。浮沫积累后可以自发从除沫口溢出，也可关小调节阀门，使水位控制箱内水位上升，超过除沫口高度后随水流排出。养殖池中因无直接池底曝气，水流不扰动，悬浮物很容易沉积到池底，便于清理的同时一定程度避免了水质恶化。

三、池塘养殖尾水资源化利用新模式

（一）池塘养殖新模式提出的背景

我国鲩鱼养殖产量约为550万吨/年，占淡水养殖鱼类产量的21.63%。鲜鲩是我国华南地区最受喜爱的鱼类之一。如何养出营养丰富、肉质鲜脆的鲜鲩，并且生产过程高效智能、环境管控合法依规是行业追求的目标。

由于鲜鲵养殖需要合适的盐度，因此，很多养殖企业选择在具有大型河流入海口处建厂，以便可以调控合适的盐度和优良、肥沃的养殖水体。根据鲜鲵池塘生产现状，结合国家对环境管控的法律制度要求，设计了鲜鲵设施养殖与环境管控新模式。根据业主给定的区域拟规划出集装箱养殖区域、育苗区域、池塘推水养殖区域和其他配套区域，并进行设备选型、工程造价估算及各项费用分析。

该创新模式规划设计如图4-17所示。

该创新模式设计主要包括：

1. 利用智能化手段，完成鲜鲵的设施养殖生产

根据摄食情况进行自动投喂；根据集装箱水中氨氮浓度和底部残粪浓度的探测数值进行换水；根据集装箱内溶解氧量进行曝气量调节；根据盐度在线监测，实时调配3‰～5‰天然咸淡水，确保鲜鲵的生长需求；出售前30天利用水流速度为鲜鲵"瘦身"。

2. 整合水处理技术和物联网技术，实现水系统的精准调控和管理

根据外海源水浊度确定是否取用、几级处理、是否合格；规划池塘基础设施配套建设，对外承包。承包户用水安装水表计量，用水收费（含尾水处理费）；排放残粪等固废到指定区域，排放量计量（流量×浓度），奖励回收等。

（二）清洁生产与污染衡算

1. 清洁生产原则

清洁生产这一名词来源于工业生产，从本质上来说，就是对生产过程与产品采取整体预防的环境策略，减少或者消除它们对人类及环境的可能危害，同时充分满足人类需要，使社会经济效益最大化。这一理念对于现代农业也具有指导意义，是实施可持续发展的重要手段。具体措施包括：不断改进设计；使用清洁的能源和原料；采用先进的工艺技术与设备；改善管理；综合利用；从源头削减污染，提高资源利用效率；减少或者避免生产、服务和产品使用过程中污染物的产生和排放。

2. 生产用水量的估算

按照集装箱养殖模式面积（280亩）和池塘养殖面积为1∶1的原则，总养殖面积为560亩。养殖水深按照1.5m计，总水体体积为554400m³。按照每日换水

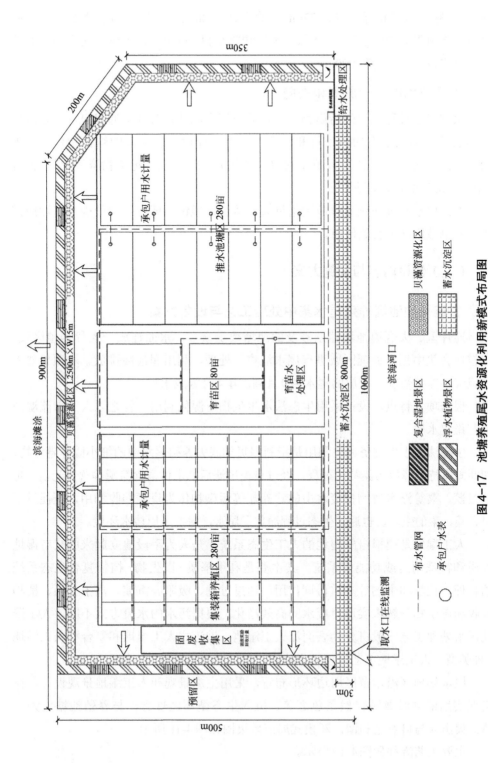

图4-17　池塘养殖尾水资源化利用新模式布局图

5%计，则每日需新鲜源水27720m³；育苗面积80亩，按照每日换水10%计，则每日需新鲜源水7920m³；生产总用水量约为每日35640m³，考虑工艺自用水等情况，确定设计流量为36000m³/d。

3.污染物的治理原则和去向

水产养殖过程产生的污染物主要是养殖尾水和残饵粪便。通过设计工艺流程方案去除养殖尾水中的污染物和固废，实现对周边生态环境的维持和保护。根据生态法原理，优先选择资源化利用的净化方法，实现"污染物资源化"，体现"循环经济"的治理理念。

养殖尾水经过净化后排放到附近海区滩涂，残饵粪便经收集处理后压滤成泥饼或者单独堆肥供农业使用。

（三）建设内容与实施方案

1.连片型池塘养殖尾水集中处理工艺与设备方案

连片型、大规模池塘养殖涉及的池塘数量众多，水面连成一大片养殖区域，比较适合集中划出处理区域进行尾水汇集、处理、利用和最终排放。本项目要考虑咸淡水养殖情况，排放的尾水中9月到次年4月为咸水期。

根据项目特点，设计采用生态法水生生物资源化利用，辅之以人工潜流湿地工艺稳定水质。

生态法水生生物资源化利用是指利用贝类滤去养殖尾水中的细小固体悬浮物，切断固废持续释放污染物的过程。经过贝类过滤后的水体富含氮磷等营养元素，再通过藻、菜等浮水植物把废水中的营养盐等污染物作为资源回收利用，既促进了贝、藻、菜的生产，也通过生态过程净化了尾水，保护了周边水环境。

人工湿地是模拟自然湿地的人工生态系统，是人为手段建立起来的具有湿地性质和特殊用途或功能的系统。其主要是利用基质-微生物-植物复合生态系统的物理、化学和生物等多重协同作用，通过过滤、吸附、沉淀、离子交换、植物吸收和微生物分解来实现对废水的高效净化。根据污水的水流方式不同，人工湿地污水处理工艺一般可分为表面流人工湿地、潜流式人工湿地和复合型人工湿地3种类型。人工湿地工艺处理效果稳定，但建设费用较高，占地面积大。

尾水处理区沿示范区周边环形布置，采用生态景观和人工湿地景观设计，在确保实用的同时兼顾自然景色之美，融入生态循环之理念，与养殖池塘连为一体，突出人与自然之和谐，新模式局部效果图如图4-18所示。

主要工艺流程如图4-19所示。

图4-18　新模式局部效果图

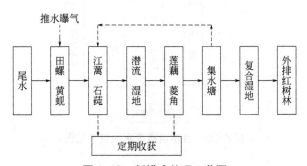

图4-19　新模式处理工艺图

　　贝藻资源化利用区可以选择的生态净化生物要适应现场条件，并有一定的经济价值或者景观观赏价值，包括滤水贝类（田螺、黄沙蚬、珍珠贝或者腺带刺沙蚕），浮水藻类（江蓠、水葫芦、四叶萍、大藻、菱角等水生植物），沉水植物（狐尾藻、金鱼藻和黑藻等）。其中细基江蓠能适应咸淡水情况，海水相对密度过高或太低均不利于细基江蓠的生长，1.004～1.015为适宜养殖的海水相对密度，最佳海水相对密度为1.005～1.010。如遇下大暴雨时，暴雨过后应及时将池塘的表层水排出。运行期间植物由专人定期收割、清运,既起到了净化水质的作用,还可作为食物或者家畜饲料,产生额外的经济效益。复合湿地中设置部分曝气生物填料区域,确保COD的降解彻底,达到排放标准。

湿地景观规划原则:首要考虑湿地的净化功能,完成尾水净化任务。其次,有利于植物培植收割、更换调整、土壤组合搭配,湿地净化区和收集区等分隔合理。最后,考虑植物种类、外形、颜色等搭配,土建造型的艺术性元素选择等。

湿地植物考虑选择芦苇、香蒲、茭白、菖蒲、莲藕、芡实等挺水植物。除了美观、净化水体以外,还可产生部分经济收益。水上部分或者空余部分可以选择部分浮水植物。也可以与少量陆生草本、木本植物搭配,种植吉祥草、虎耳草、红乌桕、千层金、美国槐、黄槿、桐花、秋茄、无瓣海桑、木榄、拉关木等。

2. 工厂化育苗尾水污染治理工艺与设备方案

工厂化育苗尾水排放分为两部分:一部分是正常育苗排放的废水,此部分废水可以和集装箱养殖产生的尾水一并处理;另一部分是育苗入池消毒和药浴产生的废水,此部分废水水量较小,但抗生素和消毒剂含量较高。

采用UV-Fenton技术处理工厂化育苗尾水,处理工艺如图4-20所示。

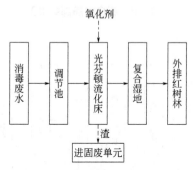

图4-20　育苗消毒废水处理工艺图

(1)光芬顿流化床　罐体及机电设备可以露天放置,占地面积约20平方米。罐体 $\Phi 2.5 \times 3.0m$ 两套并联,水泵 $Q=4t/h$, $H=20m$,计量泵 10L/min 四套,在线监控装置1套,药剂装置(200L)。

(2)调节池　调节中和水质水量,有效容积 $200m^3$。

(3)复合湿地　与整个养殖尾水系统共用。

3. 养殖固体废物处置方案

采用厌氧发酵技术处理残饵、粪便等有机固体废弃物,能够实现废物的资源化、减量化、稳定化和无害化。沼气是一种清洁能源，可用于发电或直接燃烧，为厂区补给能源或热源。沼液可用于藻类养殖，形成藻类产品、饵料或产沼气系统的原料。由此，借鉴我国传统农业的"猪-沼-果（菜）"模式，建立水产养殖行业的"鱼-沼-藻"模式，实现污染物的零排放和能源的回收、利用。这种理念充分发挥了生态的可持续性和连续性，也是我国现阶段绿色养殖的最佳选择，经济、环境和生态效益都非常显著。

4. 水表计量模式方案

设计采用承包户用水排水计量模式管理。通过用水计量，使养殖户强化节省水资源意识，知晓养殖用水情况，认识并避免浪费水资源和随意排污的行为。

养殖户用水系统安装水表计量，用水收费（含尾水处理费）；要求承包户排放残粪等固废到指定区域，并通过巴氏计量堰计量水量，通过浓度计计量残饵、粪便浓度，经PLC处理后（流量×浓度）得出排放量并累加记录。采取奖励回收模式，根据计量进行补贴。

回收的残粪废水通过脱水机压制成含水率为85%的泥饼外运或者运到指定区域进行发酵堆肥等利用。

5. 海水池塘标准化改造

我国海水池塘养殖有几千年的历史了，传统的池塘修建方式简单实用，技术要求低容易实施。但随着现代农业生产和环境保护要求的不断提高，老旧养殖池塘需要根据不同养殖品种，对原池塘进行必要改造。改造方案主要包括：小池拼并成大池、大池分割成小池、池塘加深、护坡、池底硬化、保水改造、塘埂加高加宽、闸门改造等。在池底加深改造时，应同时降低闸门和渠道底部的标高，以确保池水可完全排干，确保沉积物可以有效清除，防止水质恶化。改造标准可以参照《标准化池塘建设改造技术规范》DB37/T 3418—2018。

利用海水涨、退潮进、排水的海水池塘，每口池塘要有独立的进、排水口，分别设在池塘两边塘埂的中心，与进、排水渠相连。进、排水量较大的池塘，进、排水口宜采用水闸直接输水，水闸设计应符合SL265的规定，并设置张网防逃设施。

刺参养殖池塘面积以13200～33000m²为宜，海水虾蟹养殖池塘面积以6600～66000m²为宜。海水池塘深度以2.0～3.0m为宜。越冬池塘的水深应大于2.5m。具体的池深需根据当地的环境条件和养殖品种的生态习性进行设计。池底平整或呈反龟背状，向排水口略倾斜，池底坡度比降为1∶300～1∶500。池底应夯实，不渗漏水；必要时池底可加防渗漏材料。塘埂宽度：主埂顶面宽度≥6m，支埂顶面宽度≥2m。塘埂坡度：内坡的高宽比为1∶1.2～1∶3，外坡高宽比为1∶1.5～1∶3。如用砌石、水泥板或混凝土等护（固）坡，则可根据具体情况设定坡比。

一般池塘每667m²配套功率为0.75～1kW，精养池塘每667m²配套功率为1～1.5kW。成片池塘建设时应根据实际情况配备专用变压器和配电房。供电线路可采用架空线或穿管地埋电缆。根据池塘进水条件，配备提水设备。根据水源条件，优先选用提水泵的顺序为轴流泵、混流泵、离心泵。海水池塘提水能力为每潮可以提水池水总量的1/2以上为宜。

建设相应规模的养殖排放水处理设施，养殖水经处理后方可排放。海水池塘排放水应符合SC/T 9103的要求。

第二节　海水养殖尾水处理工程实例

一、海水养殖尾水处理的国外工程实例

由于国外水产养殖布局和产业结构的特点，海水养殖尾水处理的国外应用相对较少。

（一）美国：高效藻类塘

1. 技术简介

高效藻类塘（High Rate Algal Pond，简称HRAP）由美国加州大学Oswald和Gotaas等人于20世纪50年代提出并发展而来。其基于传统稳定塘形式，强化利用藻类增殖产生有利于微生物生长和繁殖的环境，形成紧密的藻菌共生系统（图4-21），对水体中有机碳、病原体、氮、磷等污染物进行有效去除。

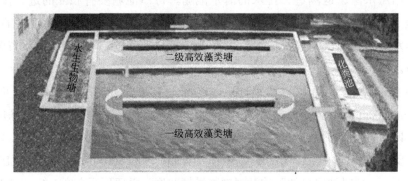

图4-21　藻菌共生系统

与传统生物处理技术相比，该技术投资少、运行成本低，在土地资源丰富而技术水平落后的农村地区具有较大的推广价值。目前，高效藻类塘在美国、德国、法国、新加坡、墨西哥、巴西、以色列等国家得到了广泛应用。在我国，该技术自2000年以来得到较快发展，除了应用在污水处理领域，在水产养殖行业也得到一定应用和推广。

2. 典型工艺参数

高效藻类塘一般分成多个处理单元，通过菌藻共生系统逐级对来水净化。与传统稳定塘相比，高效藻类塘典型工艺特征如下（图4-22）：

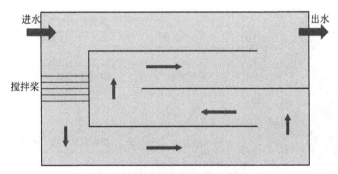

进水　　　　　　　　　　　　　　　　　　　　出水

搅拌桨

图4-22 典型高效藻类塘系统

（1）高效藻类塘水深相对较浅，一般设为0.3～0.6m，传统稳定塘的深度一般为0.5～2m；

（2）塘体进水廊道中，设置有垂直于水流方向的连续搅拌装置，促进污水完全混合并调节溶氧和CO_2浓度；

（3）停留时间短，一般为4～10天（冬季相对较长），比一般稳定塘停留时间短7～10倍；

（4）多个处理单元，高效藻类塘分成若干个狭长廊道，宽度较窄，逐级处理。

3. 工艺核心——菌藻共生系统

高效藻类塘是在传统稳定塘的基础上进行改进的系统，具有藻菌共生这一稳定塘系统所具有的基本生物特点。藻类塘中常见优势藻种为衣藻属、栅藻属和小球藻属等淡水绿藻，通过藻类大量繁殖，可为细菌提供充足的附着空间，并且塘内溶解氧浓度高，适宜好氧细菌的生长，细菌在此环境中大量繁殖，其呼吸作用产生的CO_2又为藻类提供了充足的碳源，使高效藻类塘内形成了紧密的藻菌共生系统。

高效藻类塘对污染物的去除主要通过菌相和藻相的共同作用而完成，即藻类

159

和细菌两类生物之间在生理功能上产生协同作用。废水中的好氧细菌将有机物氧化分解为小分子无机物，同时产生大量CO_2；藻类则以阳光为能源，CO_2为碳源，氨氮为氮源，通过藻细胞中叶绿素的光合作用合成新的藻类细胞，并释放大量O_2，供细菌循环降解有机物，达到净化水质的目的（图4-23）。

Oswald分析得出高效藻类塘内藻类光合作用的方程式如下：

$$106CO_2+236H_2O+16NH_4^++HPO_4^{2-} \longrightarrow C_{106}H_{181}O_{45}N_{16}P+118O_2+171H_2O+14H^+$$

上式表明，每合成1mol的藻类细胞，需消耗106mol的CO_2，并伴随产生118mol的O_2。即在光合作用的过程中每单位重量的藻类细胞可产生1.55单位重量O_2。

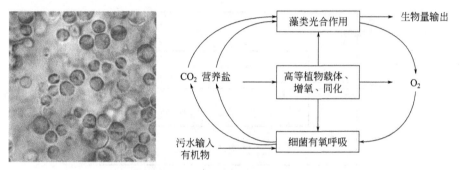

图4-23　高效藻类塘对污染物的去除

4. 理化特征

明显强化的藻菌共生系统极大提升了污染物的同化吸收过程，其显著的物理化学特点是塘内的pH与溶解氧（DO）出现明显昼夜变化。pH变化主要由水体中的CO_2-HCO_3^--CO_3^{2-}平衡式来主导。Henderson-Hasselbach方程揭示了CO_3^{2-}和HCO_3^-的比值大小与pH的关系，即白天藻类通过光合过程消耗CO_2的速率更大，在平衡式体系中，CO_3^{2-}/HCO_3^-变大，pH升高。夜间藻类和细菌呼吸作用产生CO_2的速率更大，在平衡式体系中，CO_3^{2-}/HCO_3^-减小，pH降低。另外，冬季低温抑制藻类生长，高效藻类塘内pH变化幅度较小；而夏季温度较高且光照强度大，有利于藻类快速生长，由于光合作用加剧，CO_2的消耗速率提高，夏季塘内pH普遍较高且变化幅度较大。值得注意的是，研究发现pH≥9.2时，若持续24h可以100%杀死大肠杆菌和大部分病原细菌，而高效藻类塘pH在白天达到9.5或10是很正常的，所以对于处理生活污水，藻类塘的杀菌效果十分显著。

高效藻类塘DO含量远远高于传统稳定塘。高效藻类塘（图4-24）内DO的主要影响因素是藻类光合作用和呼吸作用的强弱交替、细菌的呼吸作用和大气复氧作用。B.Picot等人研究发现，由于白天光合作用产氧，塘内DO含量上升迅速。pH在午后可达10～11，DO浓度最高可达33mg/L，而晚上由于藻类和微生物呼吸作用，DO浓度急剧下降，甚至为0，一般塘内有9～10个小时的厌氧状态，所以机械搅拌提供的复氧作用必不可少。陈鹏在用高效藻类塘处理生活污水的试验中发现，在白天，pH有不同程度升高，最高可达9.3，而DO浓度大都在10mg/L以上。

图4-24 藻类塘

5. 去污（脱氮除磷）机理

高效藻类塘（图4-25）对氮的去除主要有两个途径：一方面，藻类摄取同化吸收水中的氨氮，通过光合作用合成细胞所需要的氨基酸等物质；另一方面，高效藻类塘较高的pH亦会促进氨氮挥发，以气态自水中逸出。pH为9时，水中40%的氨氮以气态形式存在；pH为10时，80%的氨氮以气态形式存在。至于藻类吸收和氨氮挥发哪个在高效藻类塘氮去除中占优的问题，多数研究者都认为以氨氮挥发为主（50%），藻类同化吸收为次（30%）。在高效藻类塘中，硝化细菌难以在高pH和DO的昼夜变化环境中生存，故硝化反应很少发生。

图4-25 高效藻类塘

高效藻类塘对磷的去除主要是藻类同化吸收和化学沉淀。化学沉淀主要由磷酸盐沉淀引起，即与水体中的某些阳离子如Ca^{2+}、Mg^{2+}等发生协同沉淀，而从水中去除。大多数研究者认为，化学沉淀较藻类同化吸收对磷酸盐的去除作用更为显著。Dorna和Byole指出，在去除磷的过程中，只有10%的磷由藻类吸收，其他都是通过沉淀去除的。

6. 净化效果

陈广等人采用二级串联高效藻类塘系统处理太湖地区农村生活污水，水力停留时间为8d的条件下，该系统对COD、TN、TP的平均去除率分别为69.4%、41.7%、45.6%，该工艺对NH_4^+-N的平均去除率为90.8%。李旭东等人采用沉淀水箱、高效藻类塘和水生生物塘等组成的试验系统处理太湖地区农村生活污水，结果表明高效藻类塘出水COD浓度受藻类生长影响较大，但出水溶解性COD比较稳定，去除率在70%以上，NH_4^+-N的去除效果好，平均去除率为93%。

7. 优势与不足

（1）技术优势

①无需大面积占地，工艺流程简单；

②基建投资少，后期维护费用、运行费用低廉。

（2）存在不足

①处理效果受季节因素影响较大。由于秋冬季节，温度、光照的时间和强度均低于夏季，塘内菌藻共生体系的活动强度也较弱，系统净化效果受到抑制。

②出水含有较多藻类，对受纳水体影响较大。

（二）以色列的Biofishency公司的单向生物滤池（SPB）处理水产养殖废水

图4-26　单向生物滤池（SPB）

BioFishency公司所研发的单向生物滤池（SPB）（图4-26），使用即插即用式的水处理系统，成功克服了水产养殖中水资源有限以及有害的氨在养殖水体中积聚两大挑战。该系统拥有3900立方米的基底，在淡水、半咸水或海水陆基水产养殖中都可以进行高效的水处理，明显减少换水量。该系统主要面向中小型养殖企业，免去了设计、施工等大量的环节，使之应用更为灵活。

BioFishency已经利用不同的方法设计出了两套水处理系统，以便为不同的水环境和温度条件提供最佳解决方案。第一套系统是SPB即插即用装置，采用生物方法，通过利用独有的碳颗粒的硝化过程，将有毒氨转化成NO_3^--N。SPB无论是作为一项独立产品还是完整的RAS系统，目前技术已经成熟并且销往世界各地。第二套水处理系统是使用eFish技术，采用电化学方法，将氨氧化成无毒的氮气。

（三）美国木屑生物滤器尾水处理系统

采用木屑生物滤器处理淡水鳟鱼循环水养殖系统尾水。

其工艺流程为养殖尾水通过重力作用以150L/min（9m³/h）流入木屑生物滤池，反硝化木屑生物滤池体积为38m×7.5m×1.2m，以保证水力停留时间为0～24h。因系统中木屑提供碳源，故每年需更换木屑及覆盖土层（150m³土层和342m³木屑）以保证足够碳源用于反硝化脱氮，脱氮效率和效果随HRT、水温和尾水中COD浓度而变化，脱氮量大于39g N/（m³·d）。

反硝化木屑生物处理器结构示意图如图4-27所示。

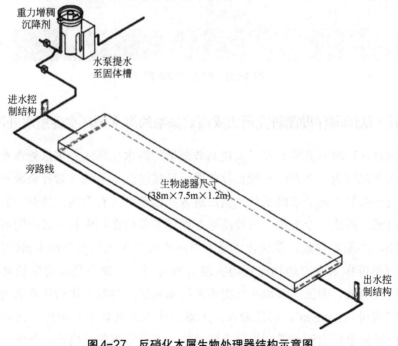

图4-27　反硝化木屑生物处理器结构示意图

反硝化木屑滤池价格及更换成本：该生物反应器安装和运行成本较常规生物滤器便宜很多，最初安装成本约为140美元/m³，共计47,838美元；每年置换费用为19,469美元，去除N成本大概在每公斤3～14美元。

（四）美国三文鱼尾水处理系统

Atlantic Sapphire公司于美国佛罗里达州Homestead镇建设9万吨陆基三文鱼室内养殖场，计划养殖尾水经物理过滤处理后，排入地下约900m（3000ft）的Boulder Zone（博尔德区）水层以实现无害化排放（图4-28）。

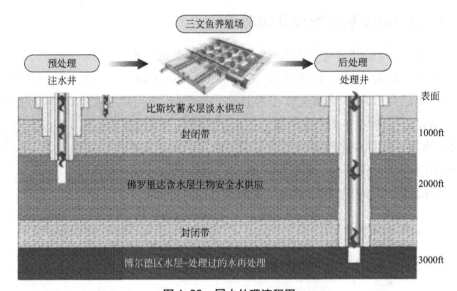

图4-28 尾水处理流程图

（五）法国海洋勘测研究所集成高效藻塘的海水循环水养殖水处理系统

法国海洋勘测研究所开发了集成高效藻塘的海水循环水养殖水处理系统，该系统的工艺流程为：养殖池—颗粒收集器—机械过滤—泵池—紫外杀菌—生物过滤—脱气—增氧，部分水经紫外杀菌后进入高效藻塘（有石莼、浒苔等）再回流至机械过滤，形成一个旁路。高效藻塘在循环水养殖系统中的集成应用可替代反硝化支路，实现零排放。系统优点是大型藻类可产生氧气且系统中pH可维持较高值，藻类可作为水产动物的食物实现资源再利用；缺点是藻类生长具有季节性。采用澄清池、潜流式湿地和气提增氧技术构建简易商业化循环水系统，罗非鱼养殖密度可达35kg/m³。将藻塘或人工湿地作为水处理单元应用于循环水养殖系统，可增加单位面积产量，提高养殖效益，促进常规养殖模式的升级，该高效藻塘也可用于尾水处理实现高效脱氮。

二、海水养殖尾水处理的国内工程实例

（一）天津市工厂化海水养殖循环水处理示范工程

1. 背景介绍

中国科学院海洋研究所和大连海洋大学组成的养殖尾水净化与资源化处理团队基于对天津汉沽地区工厂化海水养殖情况、养殖园区规划、养殖尾水现状全年调研，设计了一套适合北方地区的工厂化海水养殖尾水处理系统（图4-29），并于天津数十家工厂化海水养殖企业进行了示范。2018～2019年，两次组织专家现场验收，验收专家在听取了项目汇报，查看了现场，并进行了充分的讨论后，认为养殖尾水处理团队构建的工厂化养殖尾水工程化处理技术工艺和系统集成了物理过滤、生物处理和杀菌消毒的技术和装备，工程设计合理，工艺先进，运行成本较低。有资质的水质检测机构检测结果表明，系统处理效果良好，处理后的尾水水质（氨氮、COD$_{Cr}$、pH、总氮、总磷、高锰酸盐指数等）优于天津市污水综合排放标准（DB12/356—2018）二级标准和国家现行地表水环境质量标准（V类水标准），实现达标排放。

图4-29　工厂化海水养殖尾水处理系统

2. 处理工艺及流程

依次采用物理过滤，微生物脱氮、除磷和生态法深度脱氮、除磷，可有效去除工厂化海水养殖尾水中的污染物，"达标"排放。工厂化海水养殖尾水在缓冲池内进行物理沉淀和预处理；经过沉淀和预处理的养殖尾水进行工程化处理；在生态处理单元内消除残留的氮、磷营养盐。

3. 设施装备

费用投入约150万元。设施包括保温车间一座（占地1000m²，包括设备间、集污池、生物净化池、泡沫分离池等），生态池塘若干（依据厂区规划）；设备包括保温车间内的微滤机，固体过滤回收机，变频水泵，吸污管道泵，鼓风机，空气压缩机，臭氧发生器，曝气盘，电控柜，弹性填料等。生态池塘处配备增氧装备、潜水泵等若干。

（二）浙江省池塘养殖尾水处理工程

2018年4月，浙江省玉环市制定了《玉环市海水养殖尾水治理及监测方案》，探索建立了一套围塘养殖尾水治理工作模式。即通过围塘养殖建设生态浮床（图4-30）、生物滤坝、设置增氧机等措施，努力改善围塘养殖尾水排放。在此基础上，对连片围塘公共水系实施鲜活牡蛎养殖、种植红树林、浮水增氧曝气等尾水处理设施建设，进一步提升水质处理能力，实现养殖污水零直排。截至2019年3月，全市103家海水围塘全部完成上述整治目标。

图4-30　生态浮床

浙江省宁海县为有效解决集中连片池塘海水养殖的尾水直排问题，在蛇蟠涂北区选择92亩大面积池塘、35亩排水港，推出蛇蟠涂北区养殖池塘集中治理项目，项目概算投资600万元，以浙江省海水养殖研究所先进技术为依托，采取生物处理法，对蛇蟠涂北区2000多亩连片池塘海水养殖尾水进行集中处理。该项目的实施将切实改善区域养殖生态环境，助推该地区海水养殖业健康持续发展，对全市乃至全省池塘海水养殖尾水处理起到示范及辐射带动作用。

作为浙江省最大的内陆水产养殖县，德清县水产养殖面积达21万亩，养殖尾水污染问题较为普遍，且长期存在。2017年，德清县委、县政府出台了《德清县进一步推进渔业生态养殖加快尾水治理实施方案》，成立了工作领导小组，明确了治理目标、方式、要求和责任，并通过先行治理示范点带动其他养殖户的方式，逐步铺开，实现全域治理。德清县主要以完善设施治理尾水、调优品种优化布局、生态养殖循环利用三种方式开展尾水治理。通过政府宣传、引导和培训，在全县域优化推广了稻鱼共生（轮作）、稻虾轮作、菱鳖共生（轮作）、虾菜轮作和渔业工厂化等多种养殖模式，使养殖废水得以净化，达到水资源循环使用和营养物质多级利用的效果。通过异位修复，以规模场自治、连片养殖集中式治理为形式，落实相应的尾水处理面积，建立物理沉淀池、过滤坝、曝气池、生物处理池、人工湿地等养殖尾水集中处理设施，不断完善养殖尾水处理系统建设，最终达到循环水再利用和达标排放。

（三）山东烟台东方海洋大西洋鲑养殖尾水处理工程

1. 项目背景

目前该公司的养鱼废水排放量达到10000m³/d，大量的养鱼废水排放到废水集水池中，经初步沉淀处理后排放入海，造成资源和能源的浪费，以及环境的污染。为此，拟开展对养鱼排放水达标处理及资源化利用的研究与应用，实现景观、生态和经济效益的综合与统一目标。

2. 设计方案

在废水集水池的五个排污口设立初级过滤装置（图4-31），将水中的大颗粒饵料、粪便等滤除后排入集水池，在集水池内筏式养殖大型藻类、滤食性贝类、沉积食性动物和海珍品（刺参等），利用大型藻类吸收营养盐，滤食性贝类去除水中的悬浮物，使营养盐和残饵粪便得到利用和有效滤除。池中放养部分鱼类（鲈鱼、鲆鲽鱼类、鲻鱼等），实现污染物的资源化利用，经处理后的水流入刺参养殖池塘。同时，经初级过滤装置滤除的大颗粒饵料、粪便等，定期通过污水泵抽取出来，可加工成刺参饲料，或经浓缩、堆肥处理后，尝试栽培耐盐蔬菜等。

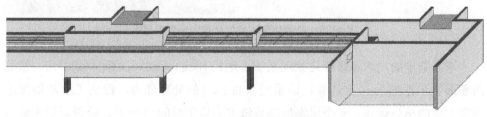

图4-31　尾水处理池三维效果图

（四）南海水产研究所珠海基地池塘养殖尾水处理工程

该池塘养殖尾水处理工程位于珠海市斗门区莲洲镇粉洲村。2015年，中国水产科学研究院南海水产研究所在此建立了珠海基地。2018年，珠海基地进行二期建设，建设内容包括池塘养殖尾水处理系统。经过多次优化，系统于2020年趋于成熟。尾水处理系统采用了原位处理和异位处理两种手段。最初，尾水处理模式与稻鱼共生模式相仿。在鱼塘的中央规划出一块农田，用于种植海水稻，池塘与稻田的比例为2:1，池塘养殖斑节对虾、南美白对虾，出虾后冲洗池塘，将池塘底部的沉积物抽到稻田，进行施肥。

　　除了上述原位尾水处理系统，为了使整个基地的养殖尾水达到循环使用的要求，增设了异位处理系统（图4-32），分别将两口土塘改造成沉淀池（3亩）和生态净化池（6亩），放养滤食性鱼类，水面架设生态浮床。此外，还专门建立了一个微生物深度净化系统，包含100m³的曝气池、100m³的生物膜净化池和100m³的MBBR净化沉淀池及微生物处理系统。每个池塘养殖周期结束时，尾水都进行多级净化处理。首先经过沉淀池去除泥沙和有机颗粒物等，再经曝气池氧化处理，完成第一级处理。然后，尾水流入微生物深度净化系统，经生物膜池和MBBR净化池等进行脱氮除磷，完成第二级处理。最后，尾水流入生态净化塘进一步去除氮、磷、营养盐等，净化后的水可进入蓄水塘，以备下一次使用或达标排放。

图4-32　原位处理和异位处理池塘养殖尾水

　　珠海基地的尾水多级净化处理系统占地约10亩，为总占地面积的1/10，按照面积最大的池塘为10亩计算，该系统具备1:1的处理能力，保证了全基地尾水处理工作的高效运作。整个尾水处理系统水力停留时间为10天，处理后的水进入蓄水池塘贮存、备用。由于各池塘养殖周期结束时间不同，水循环系统能满足基地所需。一旦出现紧急情况，经过沉淀曝气后的水消毒后也能直接使用。实践证明，该基地的养殖尾水处理系统可处理集中连片池塘100亩以上，养殖尾水经净化处理后可循环利用或完全达标排放。

（五）"渔光一体"与池塘内循环流水养殖模式

"渔光一体"是近年来由国内某公司创新研发的一种新型养殖模式，将水产养殖和光伏发电产业有效结合起来，在水面上架设光伏组件实现太阳能发电，并同时在池塘中进行鱼、虾养殖。这并非传统意义上的独立并行模式，而是一种新型的"1+1>2"的模式。在"渔光一体"模式推广初期，出现光伏组件遮光影响池塘溶氧、排污不便、捕捞难度大等问题。通过探索不同遮光比例对养殖水体、养殖效果的影响，优化适于渔光池塘的渔机设备和养殖模式，在最近的"渔光一体"配套设施中采用池塘内循环流水养殖模式，配套底排污系统将养殖过程产生的残饵粪便输送出去，移出池塘的养殖尾水进入固液分离处理池，上清液则导入湿地系统净化后再循环至池塘反复利用。固体沉积物输送至晒粪池形成有机肥料，实现零污染、零排放。

池塘底排污系统（图4-33）是集成深挖塘、底排污、固液分离、湿地净化、鱼菜共生、节水循环与薄膜防渗、泥水分离等于一体的水质改善系统。该系统中结合生物净化和物理净化，可有效防治养殖水体内外源性污染，促进养殖水体生态系统良性循环，提升池塘养殖水质条件，为提高水产养殖产量，确保水产品的质量安全、实现节能减排和资源有效利用提供技术支撑。

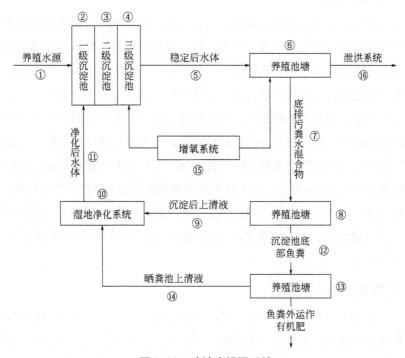

图4-33　池塘底排污系统

（六）养殖尾水－生态处理模式

天津某公司基于自身情况创建了一种鱼、虾、参、贝、藻立体混合养殖模式，大幅度降低养殖尾水中污染物质的含量，实现生物性沉积在养殖生态系统内部的消化，为工厂化对虾和鱼养殖尾水的循环利用提供可能。

养殖车间排出的尾水首先经过生态处理池沉淀、净化处理，再经微滤机、蛋白分离器、臭氧处理后进入生物滤池，经生物滤池处理后的尾水可用于贝类苗种中间培育，也可进入电厂冷却水环沟处理区经贝类净化处理后循环利用，实现了养殖尾水的零排放。具体运行过程如图4-34所示。

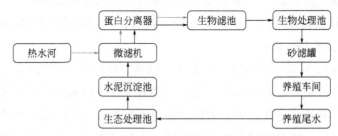

图4-34　尾水处理系统运行图

1. 生态处理池

生态处理池主要分为贝类苗种中间培育和鱼、虾、贝混合养殖两种模式。一是外源性营养物质可增加水体初级生产力，鱼、虾的残饵粪便能够为浮游植物提供养分，贝类通过滤食浮游植物得到快速生长的同时，增大水体的透明度，增加藻类的光合作用，使底质、水质的质量状况尤其是溶解氧的含量增加和改善；二是降低海水富营养化程度，贝类以浮游植物、有机碎屑为食，可以滤除水体中的悬浮颗粒物，产生生物性沉积物。其在底质中的运动和摄食，有利于底质环境有机物的逐渐降解和释放，使养殖水域底质与水界面的交换加强。工厂化养殖尾水中富含有机质，可以为浮游植物提供充足的养分，为立体生态养殖系统的建立提供了必要基础。

养殖尾水经过生态混养池净化后对水体中氮、磷的利用有一定的去除效果，再经过沉淀、微滤机、蛋白分离器、生物滤池、配套生物处理池处理后可以达到循环利用的效果。

2. 生物处理池

在生物处理池（图4-35）中引进海生藻类进行水处理。目前，在北方地区能看到的两种海生藻类主要有海葡萄和海马齿。海马齿对盐度梯度具有广谱适应性，对污染水体中盐、大部分有机污染物和小部分无机污染物有富集净化作用。海葡萄

图4-35 生物处理池

对育苗水体净化的试验结果表明，35d后，海葡萄、对照组对TN的平均去除率分别为61.39%和20.68%，COD的平均去除率分别为52.40%和14.84%，可见海葡萄对育苗水体净化作用显著。海马齿对海水养殖系统中氮、磷的移除效果研究结果显示，当海马齿生长进入稳定期后，氨氮去除率为74%～91%，亚硝态氮去除率为71%～97%，总氮去除率为14%～33%，COD去除率为61%～85%，总磷去除率为35%～71%。

3. 电厂冷却水环沟贝类净化

车间排放的养殖废水含有丰富有机质，排放到回水渠后，为水体中浮游生物提供了充足的饵料，也为养殖户养殖贝、虾、蟹提供了优质饵料，为养殖户带来效益的同时，更避免了河道水因虾蟹饵料的投喂造成二次污染。

第三节 我国海水养殖尾水处理发展与现状

我国水产养殖业在过去三十年发展迅猛，在新品种创制、养殖模式革新、疾病预警预防等方面取得了显著成绩，水产品产量逐年稳定增长，占全球水产养殖总产量60%以上，为保障优质蛋白供给、降低天然水域水生生物资源利用强度、促进渔业产业兴旺和渔民生活富裕作出了突出贡献。然而我国作为水产大国而非水产强国，长期以来以粗放型池塘养殖为主，不同程度存在养殖布局和产业结构不合理现象。绝大部分水产养殖场或企业建设之初并未设置养殖尾水处理单元，养殖尾水排放不达标，与生态环境平衡发展存在一定矛盾。

一、发展绿色健康水产已成为国家战略

党的十八大以来以习近平同志为核心的党中央将生态保护修复作为生态文明建设的重要内容，用最严格的制度、最严密的法治保护绿水青山，实行"生态优

先"原则。2020年中央1号文件作出"推进水产绿色健康养殖"的重要部署，进一步落实2019年经国务院同意、十部委联合印发的《关于加快推进水产养殖业绿色发展的若干意见》有关工作要求，落实新发展理念，加快推进水产养殖业绿色发展，促进产业转型升级。该意见明确提出到2022年，水产养殖业绿色发展要取得明显进展，水产养殖主产区实现尾水达标排放；到2035年，水产养殖布局更趋科学合理，养殖尾水全面达标排放。提出要改善养殖环境，推进养殖尾水治理。推动出台水产养殖尾水污染物排放标准，依法开展水产养殖项目环境影响评价。加快推进养殖节水减排，鼓励采取进排水改造、生物净化、人工湿地、种植水生蔬菜花卉等技术措施开展集中连片池塘养殖区域和工厂化养殖尾水处理，推动养殖尾水资源化利用或达标排放。加强养殖尾水监测，规范设置养殖尾水排放口，落实养殖尾水排放属地监管职责和生产者环境保护主体责任。2021年2月生态环境部研究起草了《关于加强海水养殖污染生态环境监管的意见（征求意见稿）》（以下简称《意见》），近日向全社会公开征求意见，《意见》以可操作性为前提，在尾水监测方面，考虑海水养殖经营主体和地方环保机构实际情况，提出各地要推动工厂化养殖和池塘养殖尾水自行监测工作，2022年开展试点，2025年仅对工厂化养殖尾水提出目标；在监督性监测方面，针对池塘养殖清塘时段尾水排放，应加大监测频次；在执法方面，加大养殖排污口环境执法力度，对未经依法备案或不按规定排污的行为，依法予以处罚。2021年5月10日生态环境部发布《地方水产养殖业水污染物排放控制标准制订技术导则》征求意见向相关单位征求意见，规定了制订地方水产养殖业水污染物排放控制标准的基本原则和技术路线、主要技术内容的确定等要求。地方水产养殖业水污染物排放控制标准中规定的养殖尾水排放浓度限值适用于养殖场排放口水污染物排放控制，再次推动地方养殖尾水排放标准的制定。规范养殖尾水处理后的达标排放已势在必行。

二、海水养殖尾水处理困局

当前淡水养殖尾水处理模式较多，包括"三池两坝一湿地"处理模式、"鱼稻"工作处理模式、温室鱼菜共生处理模式、"一池一渠"简易处理模式、"集装箱+生态池塘"养殖尾水处理模式等。其中作为农业农村部主推的模式，"三池两坝一湿地"是指采用科学区域规划，将传统排水渠升级为生态沟渠，采用"三池两坝一湿地"的技术特点连片处理养殖尾水。尾水排放至尾水收集渠（管）道汇集至沉淀池，养殖尾水中的悬浮固体沉淀至池底。然后尾水通过过滤坝过滤去除水中颗粒物。尾水经过滤后进入曝气池，通过曝气增加水体中的溶解氧，促进水体中有机质的分解。尾水经曝气处理后再经过一道过滤坝，进一步滤去水体中颗粒物，随后进入生物净化池，通过添加芽孢杆菌等微生物制剂，进一步加速分解水体中有机质，最后进入湿地单元，通过水生植物吸收利用水体中的氮磷营养盐，并利用滤食性动物去除水体中的藻类。其他模式亦是通过前置物理沉淀，后接生态处理，使用水生植物等进一步消除水体中溶解态氮磷，最后实现尾水的达标排放或者回用。

当下对于海水养殖尾水鲜有统一推荐处理模式，究其原因：①含盐"污水"水处理工艺尚未完全成熟。由于盐度的存在，海水污水或废水相较于淡水处理难度高且效率低。含盐废水和污泥的高效处理一直是研究热点，实际生产应用中的案例较少，有限的应用案例也是通过较高建设和运行成本进行含盐污水处理，并不适用于海水养殖尾水，未建立成熟稳定且运行成本较低的含盐污水处理工艺流程。对海水养殖尾水处理研究尚处于起步阶段，且主要是实验室模拟处理，未见相关大型应用研究。②海水植物种类较少。一年四季繁殖且生长良好的淡水水生植物种类较多，可用于消除水体中溶解态氮、磷，甚至可将沉淀处理后的淡水养殖尾水用于农田灌溉；而海水中可持续生长的高等植物种类较少，大藻很少能在小水体中健康生长，微藻生长条件较苛刻，能用于海水养殖尾水处理的植物寥寥无几。③暂无其他国家海水养殖尾水处理模式供参考。欧美养殖强国实行"养殖配额制"，基于养殖尾水排放区域的环境容纳量，规定区域总养殖规模、产量、排出尾水总量、总营养盐量等，尾水通常过滤处理后直接排入受纳水体。而我国水产养殖种类、模式多样，尾水受纳水体各区域存在差异，无法照搬欧美等国家尾水处理模式。④我国南北方因养殖模式不同，尾水差异较大，处理难度不一。我国地域广阔，南北方海水养殖模式差异较大，以陆基养殖为例，70%以上陆基工厂化养殖分布在山东、辽宁、天津等北方地区，以冬季反季节高峰养殖为主，冬季低温成为尾水处理首要难题；80%以上陆基海水池塘分布在广东、浙江、福建等区域，尾水处理难度较北方低，但尾水呈现短时、大规模排放特征。⑤各养殖品种尾水不一致，导致无法建立统一尾水处理工艺。我国拥有世界上最多样的养殖品种，而不同种类在不同生长阶段、不同密度、不同饲料喂养、不同投喂策略下，尾水亦不同且变化较大。通常养虾尾水的处理难度要高于鱼类养殖尾水。而稳定水处理工艺的建立是基于对拟处理水体特征的掌握，故针对不同养殖品种及养殖技术工艺，无法形成统一尾水处理工艺。⑥尾水标准规定的各项营养浓度限额较严格，难以实现低成本处理。2007年我国首次出台了养殖尾水排放的行业标准（SC/T9101—2007、SC/T9103—2007），对例如总氮、总磷等营养盐浓度限值提出要求。随着水产养殖模式升级，尤其近十年我国水产养殖主推模式——陆基高密度循环水养殖模式的盛行，极大节约了水资源，但同时产生很难以低成本处理后"达标"的浓缩尾水。迫切希望随后出台的尾水排放地方标准能兼顾各个地区及养殖模式发展方向，总体统筹，协调发展。

三、我国海水养殖尾水处理可用技术简介

自2015年国务院发文"水污染防治行动计划（水十条）"，各个区域的"水产环保风暴""养殖尾水综合治理"随之而来，随后海南、湖南等地养殖尾水排放标准相继出台，我国从南到北集成不同处理方法，因地制宜开始了各具特色的海水养殖尾水的治理工作。水处理方法从作用原理可分为物理处理、化学处理和生物处理，而无论哪种水处理工艺都是基于结合两种或三种方法进行构建。

1. 物理处理技术

利用不同孔径的滤材通过阻断或吸附水体中的杂质以达到净化水质的目的，可以快速有效去除悬浮物和BOD，但对可溶性有机物、无机物及总N、总P等去除效果有限。主要包括固体颗粒物收集技术（使固体颗粒物沉积于水底）、固液分离技术（重力分离方式和机械过滤方式）、过滤技术（利用石英砂、活性炭等过滤介质去除悬浮物质）、泡沫分离技术（去除水中溶解有机物）和膜分离技术（膜生物反应器、膜集成工艺、动态膜生物反应器、纳滤膜和超滤膜）。过滤和膜分离技术的主要内容为：过滤机理，影响过滤的因素，过滤过程中的水头损失，滤层的清洗，普通快滤池和无阀滤池，其他过滤设备。

2. 化学处理技术

早期主要通过水流消毒法以杀灭水体中的致病生物，后来多添加化学药剂（次氯酸钙）利用化学反应去除污染物，包括臭氧氧化脱色技术、臭氧消毒灭活技术、紫外杀菌灭活技术、高级氧化技术（AOPs）和电化学技术。近年来，电絮凝技术（EC）作为一种综合利用物理化学方法处理海水养殖尾水备受关注，该技术主要通过氧化还原、絮凝、气浮实现污水的净化，拥有净化尾水中有机污染物和杀菌消毒的双重功能。可以通过絮凝沉淀作用去除水体中的藻类，通过絮凝沉淀和气浮分离的方式去除海水养殖尾水中的悬浮颗粒物，以降低浊度和COD，通过电絮凝的吸附、絮凝沉淀作用脱氮除磷。

3. 生物处理技术

通过特定生物（微生物、水生植物和水生动物）利用其生物特性净化海水养殖尾水，包括植物处理技术、水生动物处理技术、微生物处理技术和复合生物处理技

术。其中微生物处理技术包括微生物制剂、固定化微生物技术和生物膜法，可以通过硝化和反硝化反应分解有机氮、无机氮。以水生植物作为核心，结合物理过滤和微生物作用，亦可构建人工湿地、生态浮岛和生态沟渠等一体化生态处理模式。

四、我国目前海水养殖尾水处理模式及适用区域

根据养殖尾水处理设施与养殖设施是否存在于同一体系中，也可将养殖尾水处理技术分为原位尾水处理技术和异位尾水处理技术。原位尾水处理技术常见于循环式或半循环式海水工厂化养殖体系中，一般经过机械过滤、蛋白分离、生物膜接触氧化、消毒增氧、调温等工艺处理后进入循环或部分循环利用。异位尾水处理技术的设计是将尾水引出养殖系统，利用各种处理手段处理尾水后循环利用。目前国内推荐处理模式包括池塘底排污尾水处理技术、集装箱式循环水养殖技术模式、集中连片池塘养殖尾水处理、人工湿地尾水处理、"流水槽+"尾水处理、工厂化循环水处理等典型治理技术模式。下面就南北方目前所应用的海水养殖尾水模式进行简要介绍。

（一）南方区域尾水生态化处理模式

在南方温度适宜区域，常构建初沉淀-生态池塘/人工湿地海水养殖尾水处理模式，通过初沉淀将悬浮物等沉降下来降低系统悬浮物浓度，后结合滤食性鱼类、贝类、藻类构建生态池塘，或者结合"土壤-植物-微生物"人工湿地来消除水体中溶解态氮磷等。值得关注的是此模式对温度和生态池塘面积要求较高，在北方无法全年使用。

广东区域推荐的"集装箱式循环水养殖技术模式"（图4-36）将一改传统池塘养殖的同位养殖、同位尾水处理，实施"分区养殖、异位处理"的技术路线，即通过建立养殖箱体与池塘一体化的循环水系统，从池塘抽水并经消毒杀菌之后注入养殖箱体内进行流水养殖，养殖尾水利用势能自流到池塘功能区进行处理。生态池塘能对尾水进行综合处理：一是沉淀尾水中的残饵和粪污等固体物质；二是通过曝气、自然复氧并通过水体中的微生物作用氧化尾水中的溶解性物质，如有机物、氨氮、亚硝酸盐等；三是生物转化，通过投放杂食性鱼类、滤食性贝类和种植水生植物将尾水中的无机物、有机物和浮游生物通过吸收和摄食进行同化，从而实现养殖用水生态高效净化、再生和循环利用。此模式主要利用了南方区域气候适宜这一条件，构建大型生态池塘，通过沉淀-细菌、植物、动物摄食达到尾水自净和循环使用的目的。

图4-36 集装箱式循环水养殖技术模式

浙江省海洋水产养殖研究所在位于浙江温州市龙湾区瓯江入海口南岸永兴海水养殖基地内构建红树林人工湿地，形成红树林人工湿地-养殖耦合系统（图4-37），利用红树林人工湿地净化海水养殖尾水。通过循环水渠、水泵、管道等设施设备将对虾高位精养池、贝类养殖塘、红树林人工湿地和生态净化塘等单元组成一个有机整体，通过红树林人工湿地吸收去除水体中的氮磷，显著提升出水水质，提高水产品质量。系统建成后，运行比较稳定，因养殖生物几乎不受外界海区水质变化（如赤潮等）的影响，养殖病害明显减少，产量有所提高。

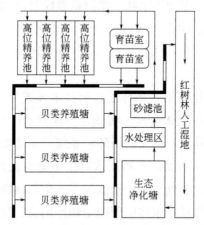

图4-37 红树林人工湿地-养殖耦合系统

（二）工程化高效尾水处理模式

基于冬季温度低、工厂化养殖尾水浓度较高或已建厂区无尾水处理设施，集成机械过滤-微生物硝化/反硝化-生物或化学絮凝除磷等技术，构建工程化高效尾水处理系统，常见于南北方海水工厂化养殖尾水处理。

中国科学院海洋研究所和大连海洋大学组成的养殖尾水净化与资源化处理团队基于对天津汉沽地区工厂化海水养殖情况、养殖园区规划、养殖尾水现状全年调研，设计了一套适合北方地区工厂化海水养殖特性的养殖尾水处理工艺，并于天津二十余家工厂化海水养殖企业进行了示范。工厂化海水养殖尾水工程化处理技术工艺和系统（图4-38）集成了物理过滤、生物处理和杀菌消毒的技术和装备，形成沉淀-反硝化-硝化-气浮等技术交织结合的高效尾水处理工艺流程。系统处理效果良好，处理后的尾水水质（氨氮、CODcr、pH、总氮、总磷、高锰酸盐指数等）优于天津市污水综合排放标准（DB12/356—2018）二级标准和国家现行地表水环境质量标准（Ⅴ类水标准），可实现达标排放。同时可根据养殖企业土地空余情况，外接生态池塘或人工湿地，进一步提高处理后养殖尾水的水质。

图4-38　工厂化海水养殖尾水工程化处理技术工艺和系统

交通运输部天津水运工程科学研究院海岸与海洋资源利用研究中心承揽的正大集团卜蜂水产（海南东方）有限公司养殖厂海水养殖尾水处理示范项目，采用新型环保材料固定化耦合耐盐微生物以及高效去磷相结合的技术，构建了高效工程化尾水处理系统，现场运行情况如图4-39所示。

图4-39　高效工程化尾水处理系统现场运行情况

（三）海水池塘养殖尾水原位处理模式

南北方海水池塘通常会每年进行1～2次短期大量排干清塘，海水养殖尾水呈现短期处理尾水量大、年处理时间短等特征，较难匹配成熟尾水处理工艺。

碧沃丰生物环保团队在温州苍南县赤溪镇安峰村曾开展海水池塘养殖尾水原位处理（图4-40），项目池塘采用原位处理技术，结合水体曝气、BF生物滤坝、耐盐植物浮床、BF微生物强化技术等处理工艺，在池塘中设置微孔增氧设施，以形成好氧硝化区；生物滤坝区可采用陶粒、BF纳米载体填料等生物填料垒筑，围绕排水口形成水处理区；生态浮床铺设在生物滤坝与出水之间水处理区。

图4-40 海水池塘养殖尾水原位处理系统

中国水产科学研究院南海水产研究所养殖生态团队针对珠海白蕉海鲈半咸水池塘养殖，通过借鉴浙江省等在淡水养殖尾水处理方面的成功做法，再结合珠江口的半咸水养殖环境对生物处理环节进行改良，依托养殖区现有的排水河涌体系，创制了一套适用于咸淡水环境的"池塘养殖片区尾水原位处理系统"（图4-41）。池塘养殖片区尾水原位处理系统的组成包括：沉淀池、生态过滤池、生物浮岛净化池、生物膜净化池、MBBR曝气池等五个净化处理环节。其中，在生物过滤池中投放鲢鱼、鳙鱼等滤食性鱼类2000余尾，生物浮岛净化池的植物覆盖率达60%，可选用西洋菜、空心菜、美人蕉等植物品种。通过养殖尾水原位多级生态处理系统不同模块的效用，依次实现养殖尾水中的泥沙及大颗粒沉淀、小颗粒滤除、无机氮磷吸收、有机质分解、可溶性有机质分离及氨氮的去除，逐级降低尾水有害物质含量，最终实现尾水达标排放或循环使用。

图4-41　海水池塘养殖片区尾水原位处理系统

第五章

海水养殖尾水处理常用设备

水处理设备作为污水处理的主要工具，在养殖尾水处理工作中发挥了关键作用。目前主要采用常规的物理、化学、生物等工艺处理养殖废水，通过对海水养殖尾水进行过滤处理、沉淀净化处理、生化处理、生物处理，降低养殖尾水中有机物、悬浮固体颗粒和可溶性营养盐等物质的浓度，从而满足达标排放的要求。本章主要从物理处理设备、化学处理设备及生物处理设备三个方面展开论述。

第一节　物理处理设备

一、微滤机和压力式过滤器

（一）微滤机

循环水养殖系统中微滤机的主要作用是去除水中的悬浮颗粒物。养殖过程中残饵、粪便等颗粒物会堵塞循环管道，影响系统正常运转；悬浮颗粒物还会堵塞鱼鳃引起鱼类死亡；此外，悬浮颗粒物也是细菌、病毒及其他污染物的载体，有机颗粒物的分解会产生大量有害成分，是循环水养殖系统中的重要污染源。

微滤机按照处理类型分为履带式微滤机和转鼓式微滤机两种。下面我们就将两种微滤机进行结构、功能对比。

转鼓式微滤机（图5-1）是一种转鼓式筛网过滤装置，其利用一个可以转动的不锈钢滚筒实现对颗粒物的过滤。转鼓外附有一层致密的不锈钢筛网，由一台电机驱动齿轮转动，由链条带动转鼓转动。在微滤机箱体外部，连接一台加压水泵和一排塑料喷嘴。箱体上设置进水口、排水口、排污管道，进水口的口径大于排水口的口径。排水采用水泵后置的方式，自动装置的控制电箱设置在微滤机箱体外。转鼓式微滤机可以分为箱式转鼓微滤机（图5-2）和框架式转鼓微滤机（图5-3）。箱式转鼓微滤机和框架式转鼓微滤机的设备型号及技术参数分别如表5-1和表5-2所示。

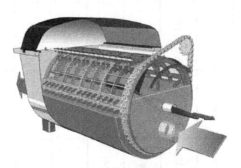

图5-1　转鼓式微滤机结构示意图

图5-2　箱式转鼓微滤机

图5-3　框架式转鼓微滤机

表 5-1 箱式转鼓微滤机设备型号及技术参数

型号	HXGLXS802	HXGLXS803	HXGLXS1203	HXGLXS1204	HXGLXS1205	HXGLXS1206	HXGLXS1606	HXGLXS1607	HXGLXS1608
转鼓规格	Φ792×839	Φ792×1226	Φ1192×1213	Φ1192×1600	Φ1192×1987	Φ1192×2374	Φ1596×2447	Φ1596×2884	Φ1596×3241
转鼓转速	7.7rpm	7.7rpm	5.8rpm	5.8rpm	5.8rpm	5.8rpm	5.8rpm	5.8rpm	5.8rpm
旋转电机功率	0.37kW	0.37kW	0.75kW	0.75kW	0.75kW	0.75kW	1.10kW	1.10kW	1.10kW
清洗泵参数	2.2m³/h; 87M	4m³/h; 87M	4m³/h; 87M	4m³/h; 87M	6m³/h; 87M	6m³/h; 87M	6m³/h; 87M	6m³/h; 87M	9m³/h; 87M
清洗水泵功率	1.5kW	2.2kW	2.2kW	2.2kW	2.2kW	3kW	3.0kW	3.0kW	4.0kW
清洗时喷嘴压力	0.8MPa	0.8MPa	0.8MPa	0.8MPa	0.8MPa	0.8MPa	0.8MPa	0.8MPa	0.8MPa
滤板数量/片	4	6	9	12	15	18	24	28	32
有效过滤面积	1.29m²	1.94m²	2.91m²	3.88m²	4.85m²	5.82m²	7.76m²	9.05m²	10.34m²
进出水口参数/mm	Φ200直通	Φ200直通	Φ250直通	Φ250直通	Φ315直通	Φ315直通	Φ400直通	Φ400直通	Φ400直通
排污管参数	G2"外螺纹	G2"外螺纹	G2"外螺纹	Φ110法兰	Φ110法兰	Φ110法兰	Φ110法兰	Φ110法兰	Φ110法兰
参考外形尺寸/mm	L=1476 W=1046 H=1073	L=1863 W=1046 H=1073	L=2042 W=1448 H=1450	L=2429 W=1448 H=1450	L=2816 W=1448 H=1450	L=3203 W=1448 H=1450	L=3314 W=1988 H=1883	L=3711 W=1988 H=1883	L=4108 W=1988 H=1883

表5-2　框架式转鼓微滤机设备型号及技术参数

型号	HXGLQ1203	HXGLQ1204	HXGLQ1205	HXGLQ1206	HXGLQ1606	HXGLQ1607	HXGLQ1608
转鼓规格	Φ1192×1213	Φ1192×1600	Φ1192×1987	Φ1192×2374	Φ1596×2447	Φ1596×2884	Φ1596×3241
转鼓转速	8.4rpm	8.4rpm	8.4rpm	8.4rpm	5.8rpm	5.8rpm	5.8rpm
旋转电机功率	0.75kW	0.75kW	0.75kW	0.75kW	1.10kW	1.10kW	1.10kW
清洗泵参数	4m³/h; 87M	4m³/h; 87M	6m³/h; 87M	6m³/h; 87M	6m³/h; 87M	6m³/h; 87M	9m³/h; 87M
清洗水泵功率	2.2kW	2.2kW	2.2kW	3.0kW	3.0kW	3.0kW	4.0kW
清洗时喷嘴压力	0.8MPa	0.8MPa	0.8MPa	0.8MPa	0.8MPa	0.8MPa	0.8MPa
滤板数量/片	9	12	15	18	24	28	32
有效过滤面积	2.91m²	3.88m²	4.85m²	5.82m²	7.76m²	9.05m²	10.34m²
排污管参数	G2"外螺纹	Φ110法兰	Φ110法兰	Φ110法兰	Φ110法兰	Φ110法兰	Φ110法兰
参考外形尺寸/mm	L=1854 W=1420 H=1634	L=2357 W=1420 H=1634	L=2744 W=1420 H=1634	L=3131 W=1420 H=1634	L=3240 W=1860 H=1994	L=3637 W=1860 H=1994	L=4034 W=1860 H=1994

　　履带式微滤机（图5-4、图5-5）通过对滤布的目数规格的控制，可以有效去除水体中相应直径规格以上的悬浮颗粒。为了去除养殖水中的残饵粪便，通过设置超声波振动板，大大降低了残饵粪便与滤布的结合牢度，配合反冲洗装置，只需要一个很小的水泵就能够有效地将糊状、黏稠的残饵粪便从滤布上清除。由于循环水养殖系统中的养殖水需要加热至恒温，然后保持温度不变，如果采用高压水泵进行反冲洗不仅会增加用水量，还会大大增加养殖水加热所产生的能耗，不利于环境保护。而履带式微滤机只需要配合一个小型水泵即可实现对残饵粪便的有效清理，降低了用水量，同时降低了能耗。

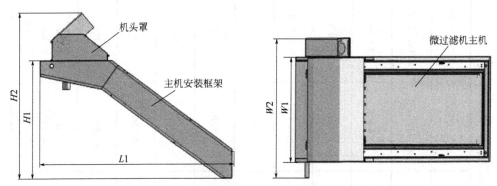

图5-4　履带式微滤机结构示意图

图5-5　履带式微滤机

　　转鼓式微滤机虽然可以实现污染物的有效去除，但是购置成本高，占地空间大，使用时还需要先将水引入，然后再排出，因此效率低，能耗高。此外反冲洗装置均需使用高压水泵供水冲洗，耗水量大，且实际使用中存在清洁效果不理想的情况。履带式微滤机通过小型化、轻型化，使其安装简便、占地面积小，相较于传统的旋转式微滤机，提高了设备的可靠性，降低了购置成本。

（二）压力式过滤器

所谓压力式过滤器（pressure filter）是指过滤器在一定压力下进行过滤，通常用泵将水抽入过滤器，借助压力将过滤后的水输送到用水装置。这种过滤器的本体是一个由钢板制成的圆柱形密闭容器，故属受压容器，为防止压力集中，容器两端采用椭圆形或碟形封头。容器的上部装有进水装置及排空气管，下部装有配水系统，在容器外配有必要的管道和阀门。压力式过滤器也称机械过滤器，分竖式和卧式，都有现成产品，直径一般不超过3m，卧式过滤器长度可达10m。目前常用的压力式过滤器有单层滤料过滤器、双流式过滤器和多层滤料过滤器。

多层滤料过滤器（multi-media filter）的结构及运行方式与单层滤料过滤器基本相同，图5-6为双层滤料过滤器结构示意图。由于这类过滤器的过滤方式基本上属于反粒度过滤，出水水质好、制水周期长。

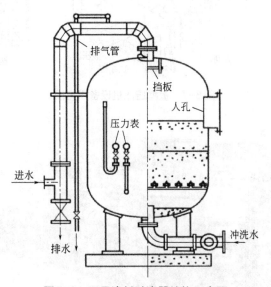

图5-6　双层滤料过滤器结构示意图

生产实践表明，使用多层滤料时，需注意选择不同滤料颗粒大小的级配和反冲洗强度，因为这会影响不同滤料的相互混杂，最终会影响过滤效果。双层滤料的级配通常为石英砂0.5～1.2mm、无烟煤0.8～1.8mm，水反冲洗强度为13～16L/（m²·s）。

工厂化养殖尾水处理系统布置在室内时，选用压力滤罐的形式可以明显节省占地空间，并且可以利用富余的水头，降低水泵能耗。配上自动控制头，可以实现水量减小时自动反冲洗操作，非常方便。

二、常用的脱水机

（一）板框压滤机

板框压滤机（图5-7、图5-8）最早应用于化工脱水中。一般为间歇式操作，基建设备投资较大，过滤能力较弱，但其具有过滤推动力大、固体物质回收率高、滤饼的含固率高、滤液清澈、价格便宜等优点，目前在一些项目仍然被广泛应用。

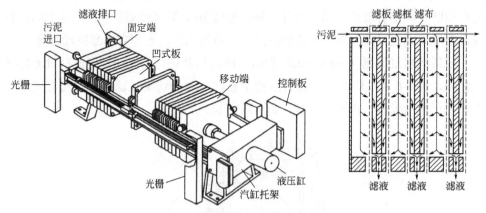

图5-7 板框压滤机设备示意图

图5-8 板框压滤机

（二）带式压滤机

由于带式压滤机（图5-9、图5-10）具有能连续运行、操作管理简单、附属设备较少等特点，投资、劳动力、资源消耗和维护费用等成本都较低，在国内外的污泥脱水中得到广泛应用。

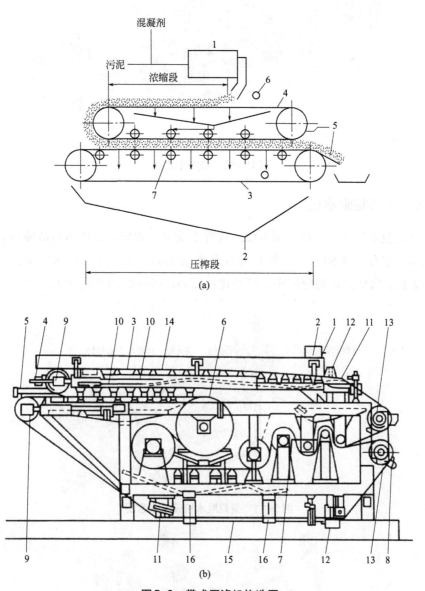

图5-9　带式压滤机构造图

(a)压榨辊轴P形布置

1—混合槽；2—滤液与冲洗水排出；3—涤纶滤布；4—金属丝网；5—刮刀；6—洗涤水管；7—滚压轴

(b)压榨辊轴S形布置

1—污泥进料管；2—污泥投料装置；3—重力脱水区；4—污泥翻转；5—楔形区；6—低压区；7—高压区；8—卸泥饼装置；9—滤带张紧辊轴；10—滤带张紧装置；11—滤带导向装置；12—滤带清冲装置；13—机器驱动装置；14—顶带；15—底带；16—滤液排出装置

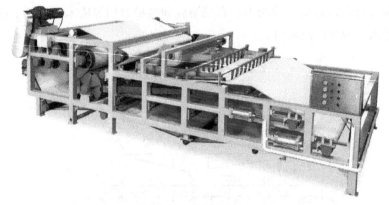

图 5-10　带式压滤机

（三）叠螺脱水机

叠螺脱水机（图5-11、图5-12）具有小功率大扭矩、低速运转故障少、噪声振动小、操作安全的特点，并且具有自我清洗的功能，冲洗用水量少，便于维修、更换、搬运，占地空间小，自动化程度高，可实现24小时无人运行。

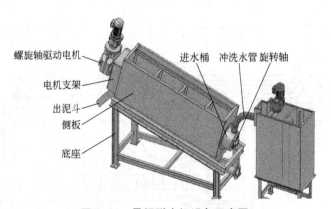

图 5-11　叠螺脱水机设备示意图

图 5-12　叠螺脱水机

叠螺脱水机常用机型如表5-3所示。

表5-3　叠螺脱水机常用机型

机型	DS标准处理量		污泥流量					
	低浓度→高浓度		2000mg/L	5000mg/L	10000mg/L	20000mg/L	25000mg/L	50000mg/L
XDHDL 101	6kg/h	12kg/h	3m³/h	1.2m³/h	1m³/h	0.5m³/h	0.4m³/h	0.3m³/h
XDHDL 131	8kg/h	15kg/h	4m³/h	1.3m³/h	1.5m³/h	0.8m³/h	0.6m³/h	0.4m³/h
XDHDL 132	16kg/h	30kg/h	8m³/h	2.6m³/h	3m³/h	1.6m³/h	1.2m³/h	0.8m³/h
XDHDL 201	9kg/h	25kg/h	5m³/h	2m³/h	1.5m³/h	1.0m³/h	0.8m³/h	0.5m³/h
XDHDL 202	18kg/h	40kg/h	10m³/h	4m³/h	3m³/h	2.0m³/h	1.6m³/h	1.0m³/h
XDHDL 301	40kg/h	85kg/h	14m³/h	8m³/h	6m³/h	3.5m³/h	3m³/h	1.8m³/h
XDHDL 302	80kg/h	170kg/h	28m³/h	16m³/h	12m³/h	7m³/h	6m³/h	3.6m³/h
XDHDL 303	90kg/h	225kg/h	40m³/h	24m³/h	18m³/h	10m³/h	9m³/h	5.4m³/h
XDHDL 402	150kg/h	500kg/h	40m³/h	20m³/h	16m³/h	12m³/h	10m³/h	8m³/h
XDHDL 403	200kg/h	800kg/h	60m³/h	30m³/h	24m³/h	18m³/h	15m³/h	12m³/h
XDHDL 402A	180kg/h	700kg/h	48m³/h	25m³/h	20m³/h	14.5m³/h	13m³/h	10m³/h
XDHDL 403A	240kg/h	1000kg/h	72m³/h	38m³/h	30m³/h	22m³/h	18m³/h	15m³/h

（四）漩涡式固液分离机

漩涡式固液分离机（图5-13、图5-14）是通过流体压力产生均匀的离心场，实现流体离心分离。鱼饲料产生的固体颗粒因其大小和沉降速度不同，细小和松散的微粒沉降速度较慢，只能以0.01cm/s的速度沉降，使得固体颗粒物不能有效地集中在池底排污口位置。采用漩涡分离设计，池壁上设置入水管可以提高池中水体的涡流旋转速度，加快固体颗粒的沉降速度，缩短沉降时间，方便固体废弃物的收集和排放。定时人工打开装置下部的开关排出沉淀的养殖污物，90%的粪便和98%的未食饲料等固体颗粒不通过循环水处理系统，而是将其集中于底部排污口。

漩涡式固液分离机的优势是不需滤网、滤盘，因此免去了网式过滤器和盘式

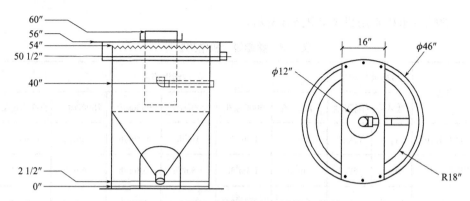

图5-13　漩涡式固液分离机结构示意图

图5-14　漩涡式固液分离机

过滤器的堵网、堵盘现象，也不像袋式过滤器经常更换滤袋。排污不需反冲洗，节约了排污水，没有流量损失。

（五）径流式固液分离机

径流式固液分离机（图5-15、图5-16）多为圆形，废水自中心进入，沿半径向周边流动。悬浮物在流动中沉降，并沿池底坡进入污泥斗，澄清水从池周溢出水渠。其优点是设备简单、沉淀效果好、处理量大、对水体搅动小，其缺点是水流速度不稳定、受进水影响较大、底部刮泥及排泥复杂。

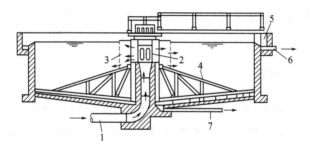

图5-15　径流式固液分离机结构示意图

1—进水管；2—中心管；3—穿孔挡板；4—刮泥机；5—出水槽；6—出水管；7—排泥管

图5-16　径流式固液分离机

（六）颗粒球式固液分离器

和其他固液分离器相同，颗粒球式固液分离器（图5-17）也是为了将残饵、粪便等固体和高浓度的杂物实时分离出去，减轻下一流程的生物处理负荷，而颗粒球式固液分离器主要是通过在容器中填充一定粒径的颗粒状填料来截留固体废物颗粒。

在工厂化循环水养殖系统中，养殖废水中含有大量的残饵粪便等大颗粒物质，需要在前期水处理单元中将其尽可能去除，从而减小后续水处理单元的负荷。固液分离器作为整个系统的首个水处理单元，利用离心作用、重力作用等方式去除养殖水体

图5-17　颗粒球式固液分离器

中的大颗粒污染物，以免造成后续处理单元管道堵塞及设备腐蚀，还可降低管道局部水头损失，节约系统能耗。

（七）蛋白分离器

蛋白分离器（图5-18、图5-19、图5-20），又称泡沫分离器，它是国内外循环水养殖系统中普遍采用的新型水处理设备，在去除微细小有机颗粒物等方面的优势尤为突出。它利用泡沫分离原理，通过射流泵将空气或臭氧射入水体底部，在处理单元底部产生大量微小的气泡，这些气泡在上浮过程中依靠表面张力和表面能，吸附水中的生物絮体、纤维素、蛋白质等溶解态物质或小颗粒态有机杂质，污染物等杂质随着气泡上升被带到水面，产生大量泡沫，最后通过泡沫分离

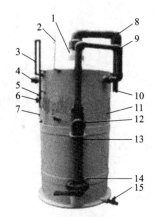

图5-18　蛋白分离器结构示意图

1—透明收集管；2—液位管；3—进气管；4—进水口；5—臭氧进气口；6—进气阀；7—流量计；8—泡沫排污管；
9—减压管；10—排污口；11—混合室；12—出水口；13—出水管；14—出水阀；15—排空阀

图5-19　蛋白分离器（一）

图5-20　蛋白分离器（二）

器顶端的排污装置将其排出系统。蛋白分离器可有效地从养殖系统中去除溶解有机物、固体悬浮颗粒、氨氮，还能去除腐殖质物质，增加水质清澈程度，去除有机酸，稳定pH；另外，蛋白分离器还可以增加水中溶解氧，若与臭氧发生器联合使用，同时还可以起到杀菌消毒的作用。蛋白质分离器一般由进气管、进水口、臭氧进气口、进气阀、减压管、排污口、混合室、出水口、出水管、出水阀、排空筏、流量计、泡沫排污管、液位管、透明收集管等组成。蛋白质分离器有逆流式、压力式和气举式（已基本淘汰）3种类型。

蛋白分离器的工作原理是利用水中的气泡表面可以吸附混杂在水中的各种颗粒状的污垢以及可溶性的有机物，采用充氧设备或者旋涡泵产生大量气泡，集中在水面形成泡沫，将泡沫收集在水面上的容器中，变成黄色的液体排出。

蛋白分离器的优点：它能在有机物分解成有毒废物前将其分离，减轻了生化系统的负担，增加水中的溶氧量。

蛋白分离器的缺点：会氧化水中的微量元素，如铁、钼、锰等微量元素；会造成盐分的丧失；海水被雾化后会无孔不入，且腐蚀性很强；在增氧的同时会排出 CO_2。理论上蛋白质分离器能分离水中80%的蛋白质，但水中也含有一些蛋白质分离器所不能分解的物质，包括血浆蛋白等，它实际只能分离水中30% ～ 50%的蛋白质废物。

常用蛋白分离器的设备型号及参数如表5-4所示。

表5-4 设备型号及参数

型号	筒直径/mm	进水口直径/mm	出水口直径/mm	高度/mm	处理水量/（m³/h）
HXDF-20	Φ600	Φ110	Φ110	2080	20
HXDF-35	Φ800	Φ110	Φ110	2264	35
HXDF-50	Φ900	Φ160	Φ160	2312	50
HXDF-75	Φ1000	Φ160	Φ160	2480	75
HXDF-100	Φ1200	Φ200	Φ200	2623	100
HXDF-150	Φ1500	Φ250	Φ250	2630	150
HXDF-200	Φ1500	Φ315	Φ315	3065	200

三、增氧机

增氧机是一种通过电动机或柴油机等动力源驱动的工作部件，可以使空气中的"氧"转移到养殖水体中，增氧机在渔业养殖业中被用于增加水中的氧气含量，能缓解池塘养殖中因为缺氧而产生的鱼浮头的现象，还可以促进水体交换，改善水质条件，降低饲料系数，提高鱼池活性和初级生产率，从而可增加放养密度。养殖水体中溶解氧增加可促进养殖对象的摄食强度，促进其生长，大幅度提高亩产，实现养殖增收。

增氧机产品类型也比较多（如叶轮式、水车式、喷水式、射流式、充气式增氧机，增氧泵，微孔增氧机等），其工作原理和增氧效果差别较大，适用范围也各不相同。目前在池塘养殖中大多采用叶轮式增氧机（图5-21、图5-22），该增

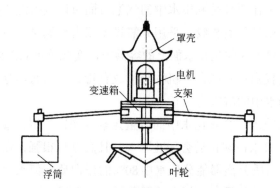

图5-21　叶轮式增氧机结构示意图

图5-22　叶轮式增氧机

图5-23　水车式增氧机

氧机具有增氧、搅水、曝气的作用，其优点是增氧能力、动力效率较好，缺点是运转噪声较大。水车式增氧机（图5-23）增氧效果良好，还可以促进水体流动，适用于淤泥较深的池塘使用。水深不足1.3m的池塘配置喷水式增氧机为宜，可在短时间内迅速提高表层水体的溶氧量。水浅且面积小的池塘，可配置增氧泵，增氧泵轻便、易操作，一般适合在水深0.7m以下，面积在0.6亩以下的鱼苗培育池或温室养殖池中使用。近年来，在鱼虾池中推广应用底部微孔增氧机，其增氧效果优于传统的叶轮式增氧机和水车式增氧机，在主机功率相同的情况下，微孔增氧机的增氧能力是叶轮式增氧机的3倍。

增氧机使用原则为晴天中午开，阴天清晨开，连绵阴雨半夜开，傍晚不开，阴天白天不开，浮头早开；天气炎热开机时间长，天气凉爽开机时间短，半夜开机时间长，中午开机时间短，负荷面积大开机时间长，负荷面积小开机时间短。当池塘大量施肥后，宜采用晴天中午开机和清晨开机相结合的方法，确保及时增氧。增氧机的使用，除与以上天气、水温、水质有关以外，还应结合养鱼的实际情况，根据池水中溶氧变化规律，灵活掌握开机时间，以达到合理使用、增效增产的目的。

充氧装置主要分为利用空气曝气、纯氧机现场制备高浓度氧气和输送液氧这三种方式，实现养殖水体中溶解氧浓度的增加。充氧装置是实现封闭循环水工厂化高密度养殖的前提条件，是养殖生物正常生长、生存的保证，因此选择适宜的充氧设备十分重要。常用的装置包括纯氧机、风机、液氧罐、纳米曝气管、氧气锥等。

氧气锥（图5-24、图5-25）又叫增氧锥，是一种用于完成气液混合的压力式纯氧增氧装置，专门为工厂化水产养殖而设计。为满足不断升高的养殖密度，对

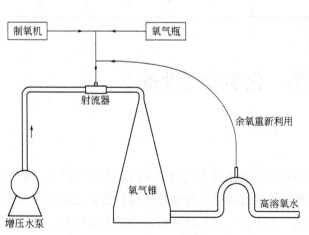

图5-24　氧气锥运作示意图

图5-25　氧气锥

水体中溶氧值的要求也越来越高。以35kg/m³的南美白对虾养殖密度为例，溶氧量要达到16mg/L以上才可以满足养殖需求。这个溶氧值还不包括水中的化学需氧量、其他生物需氧量等。因为高密度水产养殖的水体含有大量的饵料及未来得及清除的鱼类粪便等有机物，这些有机物分解也会消耗大量的氧气。而传统的增氧方式如空气曝气等已无法满足养殖需求。而且曝气量增大会导致水体的波动也相应增大，而过大波动会消耗鱼的体力。氧气锥利用纯氧不仅可以提高气源氧气含量，还可以提高增氧效果。在气液充分混合的条件下，通过增加压力还可以促进气体克服水的表面张力而被动溶解，增加溶解氧。氧气锥采用玻璃钢（高强度玻璃纤维复合树脂）喷熔缠绕而成，整体呈现上小下大的锥体结构，进出水采用PVC法兰连接，底部有排污口及观察窗。氧气锥通常要与增压泵、射流器等设备配套使用，气源可采用制氧机或氧气瓶（氧气纯度大于90%），从而实现养殖水体强制增氧，满足工厂化高密度养殖对溶解氧的要求。氧气锥的主要设备型号及技术参数如表5-5所示。

表5-5　设备型号及技术参数

型号	HXYZ-30	HXYZ-60	HXYZ-110	HXYZ-140
参考流量/（m³/h）	30	60	110	140
氧气净升高量/（mg/L）	7～10	7～10	7～10	7～10
高度/mm	1728	2160	2718	3200
进出水口/mm	Φ90	Φ110	Φ160	Φ160
外接法兰/mm	Φ200	Φ220	Φ285	Φ285
净重/kg	30	77	106	146

第二节　化学处理设备

一、紫外消毒器

在工厂化养殖中，由于循环水养殖系统对水的利用率高，为避免产生养殖生物的病害，鱼类的排泄物和饵料残渣物必须经消毒处理，这也是构建循环水系统的核心技术之一。紫外消毒装置（图5-26、图5-27）通常是由大量柱状的紫外灯管组成的一个开放式处理单元，当养殖水体流经此装置时，养殖水体受到波长为

254nm紫外线的强烈辐射。该紫外线可穿透细胞膜破坏其内部遗传物质结构，进而使菌体失去分裂、繁殖的能力，最终达到消杀养殖水体中的病原菌的效果。渠道式紫外线杀菌装置，其杀菌效果受水体透明度和水深的双重影响，当水体的可见度较低时，灭菌效率也较低。紫外线杀菌时最有效波长为254nm，一般选用波长为240～280nm的灯管即可。同时安装臭氧发生器，产量范围为2.5～65g/h，并添置臭氧流量计，保证臭氧的投入浓度为0.08～0.20mg/L，治疗浓度为1.0～1.5mg/L。水质处理（消毒）中紫外线杀菌方法与传统杀菌方法相比具有不需要投加化学药剂、不产生有毒副产物、杀菌效率高、操作简单、便于运行管理等特点，在循环水养殖系统中被广泛应用。

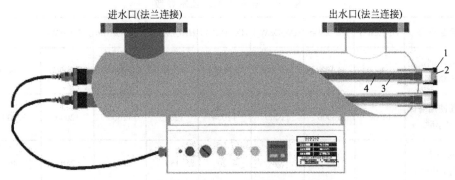

图5-26　紫外光消毒器结构示意图

1—密封螺帽；2—O型密封圈；3—石英套管；4—紫外线杀菌灯

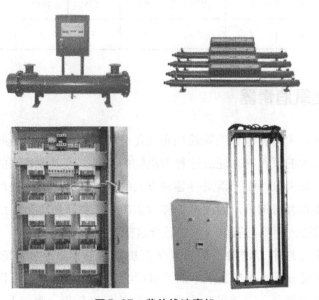

图5-27　紫外线消毒机

紫外光消毒器的工作原理：被处理水经过紫外光消毒器进水口进入设备的腔体，腔体内的紫外线灯管发射出光波对养殖废水具有混合、裂解、氧化、杀菌、灭藻的作用。波长254nm的强紫外线照射水流，可以实现广谱杀菌的效果，使被处理水在很短时间内达到杀菌的效果，将水中各种细菌、寄生虫、水藻以及其他病原体直接杀死，达到消毒目的之后被处理水从出水口流出。紫外消除微生物的机制可分为直接和间接两种机制，直接机制是紫外光可穿透细胞壁、细胞膜和细胞质直接被核酸吸收；间接机制指细胞内外的光敏物质吸收紫外光产生活性氧（ROS）氧化细胞膜、蛋白质、核酸和其他细胞物质而杀灭细菌。

紫外消毒器的主要设备型号及技术参数如表5-6所示。

表5-6 设备型号及技术参数

产品型号	HXTZW-3	HXTZW-5	HXQDZW-3	HXQDZW-4	HXQDZW-5	HXQDZW-6	HXQDZW-7	HXQDZW-8
紫外剂量/8000小时	>30000	>30000	>30000	>30000	>30000	>30000	>30000	>30000
灯管使用寿命/小时	10000	10000	12000	12000	12000	12000	12000	12000
水流量/（吨/小时）	3	5	90	120	150	180	210	240
电源	220V/50Hz	220V/50Hz	220V/50Hz	220V/50Hz	220V/50Hz	220V/50Hz	220V/50Hz	220V/50Hz
耗电量/瓦	36	75	975	1300	1625	1950	2275	2600
灯管数量/个	1	1	3	4	5	6	7	8

二、臭氧消毒器

臭氧处理技术可将微小的颗粒物质氧化分解为分子结构，这些分子结构可以重新结合形成大的颗粒物。通过这种絮凝物的形式，难以被滤除的微小悬浮颗粒可以从系统中被去除，而无需进行各种方式的滤器过滤。臭氧处理技术可净水并去除悬浮固体和有害细菌，因此也被称为水净化。孵卵和鱼苗系统对微小颗粒物和细菌特别敏感，所以臭氧技术尤其适合这些养殖系统。

臭氧在水处理中有消毒杀菌、氧化有机物、凝聚悬浮物、除臭与除色等作用。并且臭氧易分解，在自来水中的半衰期约为20min（20℃），消毒之后分解生成对鱼类有益的氧气，对养殖生产具有良好的促进作用。臭氧是一种强氧化剂，其能通过直接氧化的形式与有机物迅速反应，也可与水基质反应产生羟基自由基（·OH）间接氧化大多数有机化合物。

臭氧消毒原理：臭氧是一种强氧化剂，其主要通过强氧化作用破坏微生物细胞壁（膜）表面成分来灭活微生物，破坏细胞膜脂蛋白和脂多糖，改变细胞间的通透性，导致细胞发生溶解、死亡。臭氧的氧化作用还可直接作用于细胞的遗传物质RNA与DNA，从而消灭病毒。使用臭氧水消毒杀菌时，臭氧可直接与微生物发生反应，还可以与水分子反应分解出羟基自由基，其具有极强的氧化性，所以使用臭氧水进行消毒杀菌速度极快。

水产养殖系统中的臭氧消毒设备主要包括臭氧生成装置（图5-28）、臭氧溶解系统和臭氧尾气收集装置。臭氧消毒通常以投加气态臭氧的方式在混合反应器（接触反应器）中进行，使臭氧和水充分接触，迅速反应，以达到消毒杀菌的作用。

图5-28 臭氧生成装置

在水产养殖领域，臭氧除了其高效杀菌的作用外，还具备其他功能，包括增氧，提高水透明度，除藻，脱色，除臭，去除氨氮、亚氮，降解有机物以及改善动物福利、促进生长等作用。

养殖水体中臭氧残留对养殖动物是有毒害的，淡水中建议安全浓度为≤0.01mg/L，海水中建议安全浓度为0.01 ～ 0.1mg/L。

第三节 生物处理设备

一、滴滤式硝化生物滤池

滴滤式硝化生物滤池（图5-29）是应用于循环水养殖废水、育苗系统原水和养殖废水中处理可溶性有机物和氨氮、亚硝氮等有毒有害物质的一种非淹没式填充生物过滤方法。它主要由上部的布水系统和充满介质的反应器组成。在滤池中填装一定量的滤料，滤料表面生成生物膜，待污水流经时，微生物吸收水中的氨氮、硝酸盐等无机氮盐。在高溶解氧条件下，微生物生长繁殖速度较快，在填料表面形成生物膜，生物膜上的生物相种类丰富，形成了较为稳定的微生态系统，包括细菌、真菌、原生动物等。当养殖废水流经滤料层时，水体中的氨氮被氧化或转化成高价形态的硝态氮。此外，滤料还会对水中粒径较大的悬浮物产生一定的截留作用。水中的有机污染物及氨氮在滤料和微生物的共同作用下得到有效的去除。当生物膜较厚时，空气中的氧很快被膜表层的微生物耗尽，在生物膜的内层滋生大量厌氧微生物。生物膜内层的微生物不断死亡并发生解体，同时厌氧微生物产生的气体会降低生物膜同滤料之间的黏附力，使得过厚的生物膜在自身重力及废水流动的冲刷作用下脱落。膜脱落后的滤料表面又开始了新生物膜的形成，这是生物膜正常的更新过程。此外，生物膜中还存在大量以生物膜为食料的微型动物，它们的噬膜活动也可导致膜的脱落或更新。如果滤料间空隙过小会导致滤池负荷过高，生物膜的过量增长会造成滤池堵塞。

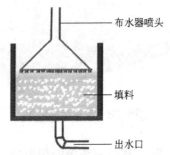

布水器喷头

填料

出水口

图5-29　滴滤式硝化生物滤池结构示意图

生物膜处理流程简单有效，无需大型曝气设备，节省能耗，工艺材料廉价环保，处理过程中不产生废气、废水；硝化细菌容易繁殖，可获得较好的硝化效果。但是，生物膜对养殖尾水的处理净化效率低，脱氮除磷效果差，易堵塞。

硝化生物过滤也有硝化型生物滴滤塔（图5-30）和滴滤槽生物过滤（图5-31）的形式。

图5-30　硝化型生物滴滤塔

图5-31　滴滤槽生物过滤

二、浸没式硝化生物滤池

浸没式硝化生物滤池（图5-32和图5-33）与滴滤式生物滤池不同，滤料完全浸在水中，分为向下流动式和向上流动式两种。在向下流动式滤器中，废水从顶部进入底部排出，而向上流动式则相反。一般以卵石作为滤料，在养鱼业上还可以用沸石、网片做滤料。微生物在滤料周围形成一层生物膜，当养殖废水通过滤材时，水中的有机物及无机物被微生物分解消化而达到水质净化的目的。滤料上

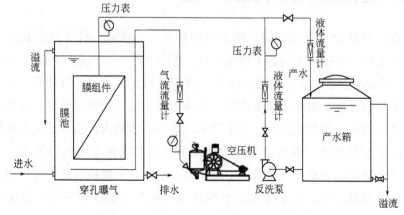

图5-32　浸没式硝化生物滤池结构示意图

图 5-33　浸没式硝化生物滤池

生物膜的氧化能力与水温及滤池溶氧状况密切相关，水温高、氧气足，氧化能力也强。一般水温要求为25℃左右，若滤池氧气状况不好，不但不能使硝化过程顺利进行，还会产生反硝化过程而使水质恶化。从养殖池出来的固体颗粒会沉浸在过滤器内积累，再加上生物膜脱落，最终会导致阻塞，为了长时间正常运行，需要某种机械装置来冲洗固体颗粒。为保证有较大空隙防止生物滤器阻塞，一般用于沉浸式滤器的滤料尺寸较大。浸没式硝化生物滤池的缺点是低溶解氧、固体物易聚集，结果造成有机物负荷大，反冲洗难；本身建设成本高，运行成本也高。

三、生物转盘式硝化生物滤器

生物转盘式硝化生物滤器（图5-34和图5-35）也是一种非浸没式的生物滤器，由固定在一根横轴上的若干圆盘组成，圆盘面上长有一层生物膜，其作用与生物滤池中的滤料相似，为微生物提供附着基。圆盘通常采用轻质耐腐蚀、坚固而不易折损的材料，如泡沫聚氯乙烯、泡沫聚苯乙烯、硬聚氯乙烯、玻璃钢等材料。圆盘有约一半的面积浸在一个半圆形或矩形的水槽内，当养殖废水从槽中流过时，圆盘缓慢转动。圆盘浸入废水的部分生物膜吸附水中的有机物、无机物等，使微生物获得营养。当圆盘转出水面时，这部分生物膜可从大气中直接吸收氧气。如此循环反复，废水中的有机物在需氧微生物的作用下不断发生氧化分解。当生物膜老化，会不断地自行脱落，随水流出。

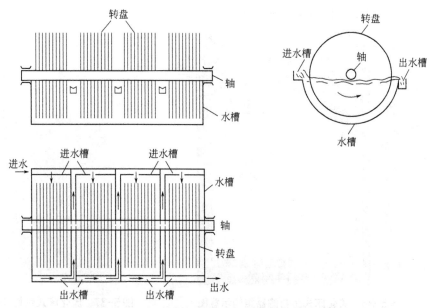

图5-34　生物转盘式硝化生物滤器结构示意图

图5-35　生物转盘式硝化生物滤器

四、流化床式硝化生物滤器

流化床式硝化生物滤器（图5-36和图5-37）常用于大型循环水养殖系统中，其可被认为是反冲洗状态下连续运行的沙滤池。当上升的水流速度足够大时，

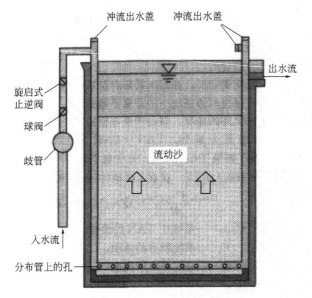

图5-36 流化床式生物滤器结构示意图

图5-37 流化床式生物滤器

沙粒处于运动状态，发生流化。通常流化床中的沙粒粒径较小，比用于去除固体颗粒物的滤床中所用沙粒粒径要小。它的主要特点是介质比表面积高，单位处理能力的投资成本相对较小，费用与表面积大致成正比。与传统的水处理方法相比，流化床式硝化生物滤器具有效率高、传质好、无生物膜阻塞等特点。流化床滤器中流化的填料增加了细菌可附着的表面积，不断流动的沙粒可使老化细菌从填料表面脱离，实现自净，为微生物的生长提供了优良的环境。流化床式硝化生物滤器能有效去除氨，在冷水养殖系统中，每循环一次能去除50%～90%的氨。其主要缺点是用抽水泵抽水穿过滤器的成本高，无法像滴滤式生物滤器那样让空气容易进入水中，操作难度大，悬浮固体阻塞会引起严重的维护问题。

五、塑料珠式硝化生物滤器

塑料珠式硝化生物滤器（图5-38和图5-39）是处理少量和中等水量养殖废水最常用的一种生物过滤器，通常处理水量小于1000L/min。其作用机理和沙粒过滤器相同，该装置能去除固体颗粒物，也能去除废水中的溶解废物，同时有利于硝化细菌的生长。塑料珠滤料采用食品级的聚乙烯材料制成，直径为3～5mm，密度为0.91g/cm³，中等比表面积。漂浮的塑料珠填料比表面积较大，有助于硝化细菌在其表面附着生长。其主要优点是可同时实现悬浮固体颗粒的

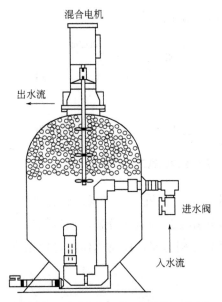

混合电机

出水流

进水阀

入水流

图5-38　塑料珠式过滤器结构示意图

图5-39　塑料珠式过滤器

去除和硝化过程，缺点则是底部沉积的固体物质如果不能及时排出，可能会影响水质。

六、反硝化脱氮器

反硝化脱氮器是指在微生物处理氨氮时，好氧性的微生物会将氨氮转化为硝酸盐，可导致循环水养殖系统中的硝酸氮累积，可能会对养殖生物产生危害。脱氮器是一个密封的容器，可通过搅拌使得微生物与废水充分接触，在缺氧的条件下，微生物可以将硝酸氮和亚硝酸氮还原为氮气，达到脱氮的效果。影响反硝化作用的因素有温度、pH、外加碳源、溶解氧等。温度越高，硝化速率也越高，在30～35℃时，反硝化速率增至最大。pH是反硝化反应的重要影响因素，反硝化最适宜pH是6.5～7.5。碳源也是反硝化过程中必不可少的一部分，进水中的C/N直接影响微生物脱氮除氮的效果。一般有机物越丰富，反应速度越快。传统生物脱氮（图5-40）必须先经历硝化作用再经过反硝化作用两个过程，因此生物脱氮过程需要在两个隔离的反应器中进行，或者在时间或空间上能形成厌氧和好氧环境交替进行。然而，近年来国内外有不少实验和报道证明了可实现同步硝化和反硝化过程，尤其在好氧条件下同步硝化与反硝化作用已应用于不同的生物处理系统中，如流化床反应器、生物转盘、氧化沟等工艺。

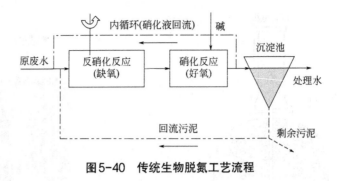

图5-40　传统生物脱氮工艺流程

反硝化脱氮器的工作原理：废水中存在有机氮、氨氮、硝态氮等形式的氮，在生物处理废水过程中，有机氮可被异养微生物氧化分解，通过氨化作用转化为氨氮，氨氮经硝化过程转化为硝态氮和亚硝态氮，反硝化作用可使硝态氮转化成氮气，最后逸入大气。

七、生物填料

作为微生物处理工艺和人工湿地工艺的重要载体，生物填料的重要性被专家学者和工程技术人员逐渐重视起来。生物填料要求比表面积大、生物附着性好、过水通透性强、易于反冲洗或清洗避免堵塞。

（一）生物填料要求比表面积大

生物填料一般选用比表面积大、孔隙率高的惰性载体，这种填料有利于微生物的接种、挂膜和生长，可保持较多的生物量；孔隙率高有利于微生物代谢过程中所需氧气和营养物质以及代谢废物的传送。有研究针对不同的惰性填料开展了筛选研究，包括页岩陶粒、黏土陶粒、砂子、褐煤、沸石、炉渣、麦饭石、焦炭等，褐煤因其机械强度差而被淘汰，陶粒、砂子、沸石和麦饭石性能较好。几种颗粒填料的物理化学特性比较如表5-7所示，不同的颗粒其物理化学特性相差较大。其中，活性炭的比表面积最高，达960m²/g，远远高于其他材料，其他的颗粒物质比表面积在0.46～3.99m²/g；总孔体积也以活性炭为最高，达0.9cm³/g，其次为页岩陶粒；颗粒的松散容重以砂子最大，为1393g/L。颗粒的碱性成分所构成的微环境可能有利于微生物的生长，各种颗粒化学组成均以Al和Si为主，约为60%～80%。综上，选择填料应综合考虑各种因素，如颗粒的比表面积，总孔容积，微孔、过渡孔和大孔各自所占比率等。此外，价格低廉和易于就地取材也是选择颗粒填料应考虑的重要因素。

表5-7　几种颗粒填料的物理化学特性比较

名称	产地	物理性质			主要化学元素组成					
		比表面积/(m²/g)	总孔体积/(cm³/g)	松散容积/(g/L)	Na/%	Mg/%	Al/%	Si/%	Fe/%	其他
活性炭	太原	960	0.9	345	—	—	—	—	—	—
页岩陶粒	北京	3.99	0.103	976	—	1.5	21.5	63.5	6.5	7.0
砂子	北京	0.76	0.0165	1393	2.83	0.24	16.84	50.69	—	29.4
沸石	山西	0.46	0.0269	830	4.25	11.48	18.27	40.28	10.14	15.58
炉渣	太原	0.91	0.0488	975	0.79	1.13	31.4	53.58	4.13	8.97
麦饭石	蓟县	0.88	0.0084	1375	5.23	0.46	20.32	50.38	0.84	22.86
焦炭	北京	1.27	0.0630	587	—	—	25.75	40.23	—	34.02

目前应用较多的填料主要是页岩陶粒（图5-41），其以页岩矿土为原料，破碎后在1200℃左右的高温下熔烧，膨胀成5～40mm的球状陶粒，再经破碎、筛选而成。通常页岩陶粒外壳呈暗红色，表皮坚硬，表面较粗糙，有很多孔径不规则的孔洞，页岩陶粒为铅灰色，多孔质轻。陶粒表面孔洞大于0.5μm以上，有利于微生物附着生长。

图5-41　页岩陶粒

（二）生物填料要有过滤作用

生物填料滤池在采用上升流或下向流方式运行时对废水中的悬浮颗粒物有一定的过滤作用。由于反应器作为预处理单元，前面没有絮凝处理，其过滤机理与普通快滤池有所不同，主要基于以下几个方面的原因：

（1）具有机械截留作用　生物陶粒滤池所用陶粒填料颗粒粒径一般为1～5mm，填料高度为1.5～2.0m，普通快滤池所用填料高度为700cm，更深的填料容易将进水中的颗粒粒径较大的悬浮状物质截留。

（2）产生接触絮凝的作用　颗粒滤料表面生长有大量微生物，微生物新陈代谢作用产生的黏性物质如多糖类、酯类等可起到吸附黏结的作用，与悬浮颗粒及胶体粒子黏结在一起，形成絮体。

（3）进水中胶体颗粒的ζ电位降低，可使部分胶粒脱稳形成较大颗粒而被去除。与一般的软性填料或半软性填料的生物接触氧化反应器仅依靠微生物作用去除污染物相比，其效果更优。

（三）生物填料要易于反冲洗

生物颗粒填料的滤池结构与气水联合反冲洗的快滤池相似，所用陶粒滤料机械强度较好，可采用反冲洗的方式对各种颗粒及胶体污染物以及填料表面老化的微生物膜进行去除。目前一般采用气水联合反冲的方式，冲洗强度不高，但冲洗效果较好，可使生物滤池保持较理想的运行效果。

采用曝气生物滤池（BAF）工艺和潜流人工湿地需要选择适宜的填料及合理的级配，高效净化养殖尾水的同时，还要保证后期的处理堵塞和清理的工程问题。一般首选陶粒、沸石和炉渣等颗粒填料。

（四）悬浮填料具备多种优势，适合流化床和MBBR工艺

目前，水产养殖行业普遍使用流化床工艺和MBBR工艺去除养殖水中的有机氮磷营养物。其中专用生物填料（图5-42）起到关键作用。根据水质情况，选用

图5-42　生物填料

合适的塑料填料，对占地面积、处理效率、工程造价等影响很大。悬浮填料的选用可参考悬浮材料的物理性质（表5-8），根据具体工程条件选择。

表5-8　悬浮材料的物理性质

类别	有效比表面积/（m²/m³）	填料密度/（g/cm³）	堆积密度/（kg/m³）	空隙率/%	抗压强度/（N/mm）	压缩回弹率/%	磨损率/%	破损率/%	示意图
A类填料	350	0.94～0.97	115±2	90	—	—	—	5	
	450	0.94～0.97	95±2	92	0.21	95	19		
	500	0.94～0.97	95±2	92					

续表

类别	有效比表面积/(m²/m³)	填料密度/(g/cm³)	堆积密度/(kg/m³)	空隙率/%	抗压强度/(N/mm)	压缩回弹率/%	磨损率/%	破损率/%	示意图
B类填料	620	0.94～0.97	95±2	92	0.18	96	25	5	
	800	0.94～0.97	98±2	90	0.25				
	800				0.20	75			
	800		107±2	91	0.32	95	18		
	800				0.14	93			
C类填料	1200	0.94～0.97	110±2	90	0.14	63	25		
	1200		228±5	70	—	—	—		

附录

海水养殖尾水排放的相关标准与政策文件汇编

附录1　十部委《关于加快推进水产养殖业绿色发展的若干意见》农渔发〔2019〕1号

近年来，我国水产养殖业发展取得了显著成绩，为保障优质蛋白供给、降低天然水域水生生物资源利用强度、促进渔业产业兴旺和渔民生活富裕作出了突出贡献，但也不同程度存在养殖布局和产业结构不合理、局部地区养殖密度过高等问题。为加快推进水产养殖业绿色发展，促进产业转型升级，经国务院同意，现提出以下意见，其中关于养殖尾水排放提出的政策总结如下。

到2022年，水产养殖业绿色发展取得明显进展，生产空间布局得到优化，转型升级目标基本实现，人民群众对优质水产品的需求基本满足，优美养殖水域生态环境基本形成，水产养殖主产区实现尾水达标排放；国家级水产种质资源保护区达到550个以上，国家级水产健康养殖示范场达到7000个以上，健康养殖示范县达到50个以上，健康养殖示范面积达到65%以上，产地水产品抽检合格率保持在98%以上。到2035年，水产养殖布局更趋科学合理，养殖生产制度和监管体系健全，养殖尾水全面达标排放，产品优质、产地优美、装备一流、技术先进的养殖生产现代化基本实现。

其中要提高养殖设施和装备水平。鼓励水处理装备、深远海大型养殖装备、集装箱养殖装备、养殖产品收获装备等关键装备研发和推广应用。推进智慧水产养殖，引导物联网、大数据、人工智能等现代信息技术与水产养殖生产深度融合，开展数字渔业示范。

然后是推进养殖尾水治理。推动出台水产养殖尾水污染物排放标准，依法开展水产养殖项目环境影响评价。加快推进养殖节水减排，鼓励采取进排水改造、生物净化、人工湿地、种植水生蔬菜花卉等技术措施，开展集中连片池塘养殖区域和工厂化养殖尾水处理，推动养殖尾水资源化利用或达标排放。加强养殖尾水监测，规范设置养殖尾水排放口，落实养殖尾水排放属地监管职责和生产者环境保护主体责任。

附录2　生态环境部《关于加强海水养殖生态环境监管的意见》环海洋〔2022〕3号

沿海各省、自治区、直辖市生态环境厅（局），沿海各省、自治区、直辖市农业农村、渔业厅（局、委），计划单列市渔业主管局：

海水养殖是可持续利用海洋资源的重要方式，不仅满足了人民群众对优质海产品的需求，而且对沿海地区经济社会发展和群众生计具有重要意义。但部分地区海水养殖的不规范发展对局部海域生态环境造成不良影响。党中央、国务院高度重视，要求标本兼治，综合施策，加强监管，推进海水养殖业绿色发展。为贯彻落实党中央、国务院部署和要求，现提出如下意见。

沿海各级生态环境部门、农业农村（渔业）部门要认真学习贯彻习近平生态文明思想，进一步提高政治站位，充分认识加强海水养殖生态环境监管对深入打好污染防治攻坚战、推动海水养殖转型升级的重要意义。以海洋生态环境质量改善为核心，全面贯彻落实经国务院同意、十部委联合印发的《关于加快推进水产养殖业绿色发展的若干意见》各项部署，坚持"分区分类、因地制宜、逐步推进"的原则，采取针对性举措，协同推动生态环境保护和海产品保供，助力美丽海湾保护与建设，促进海水养殖业高质量发展。

一、严格环评管理和布局优化

（一）强化环评管理。沿海各级生态环境部门严格落实"三线一单"（生态保护红线、环境质量底线、资源利用上线和生态环境准入清单）生态环境分区管控要求，依法依规做好海水养殖相关规划的环境影响评价审查，以及新建、改建、扩建海水养殖建设项目的环境影响评价审批或备案管理。沿海各省（区、市）生态环境部门会同农业农村（渔业）部门组织摸排未依法依规开展环境影响评价的海水养殖项目，2022年底前基本摸清底数，从生态环境影响较大的历史遗留问题入手，制定整改方案并逐步依法推动解决。

（二）优化空间布局。沿海各级农业农村（渔业）部门会同相关部门，切实落实本级养殖水域滩涂规划，按照规划"三区"（禁止养殖区、限制养殖区和养殖区）划定方案，严格养殖水域、滩涂用途管制，进一步优化海水养殖空间布局，依法禁止在禁养区开展海水养殖活动，加强养殖区和限制养殖区污染防控，加强重点养殖基地和重要养殖海域保护。加强养殖执法检查，依法查处全民所有水域内无水域滩涂养殖证从事养殖生产等违法行为，逐步解决历史遗留问题。

二、实施养殖排污口排查整治

（三）建立信息台账。沿海各省（区、市）生态环境部门会同农业农村（渔业）等部门，指导督促沿海地市将海水养殖排污口纳入入海排污口排查工作中，摸清海水养殖排污口底数。逐一明确排污口责任主体，查清海水养殖方式和排污口分布、数量、排放方式、排放时间和频次、排放去向等关键信息。加强海水养殖排污口备案管理，实现"应备尽备"。2023年底前，海水养殖排污口信息纳入省级统一的排污口信息平台中，实现一张图和台账一张表管理。

（四）推进分类整治。按照国家入河入海排污口管理要求，沿海地市制定实施海水养殖排污口分类整治方案，稳步推进整治工作。严格落实禁止设置排污口相关法律法规，依法取缔违法设置的海水养殖排污口；规范整治布局不合理、责任不明晰，以及群众反映强烈、污染较为严重的海水养殖排污口；指导养殖主体科学设置入海排污口，对于集中分布、连片聚集的中小型海水养殖散排口，鼓励各地清理合并，统一收集处理养殖尾水，设置统一的排污口，健全监督管理机制。

三、强化监测监管和执法检查

（五）制定排放标准。沿海各省（区、市）生态环境部门会同农业农村（渔业）等部门，按照相关部署，加快制定出台海水养殖尾水排放相关地方标准，作为海水养殖尾水监测及生态环境综合执法的重要依据。标准制定要统筹考虑区域养殖特点和经济技术可行性，按照地方水产养殖业水污染物排放控制标准制订技术导则有关要求，明确尾水中悬浮物、总氮、总磷及化学需氧量等排放控制指标和限值。推动沿海各省（区、市）在2023年底前出台地方海水养殖尾水排放相关标准，鼓励各地提前出台并实施。

（六）推进尾水监测。沿海各级生态环境部门要建立健全海水养殖尾水监测体系，2022年底前在部分地区开展工厂化养殖尾水监测试点，2025年底前初步形成对区域内主要工厂化养殖尾水的监测能力，依法推动工厂化养殖尾水自行监测。逐步将池塘养殖尾水纳入监测范围，加大池塘养殖清塘时段的尾水监测力度。逐步加强对养殖投入品、有毒有害物质等的检测分析，推动在线监测、大数据监管等技术应用。鼓励开展养殖尾水排放邻近海域及养殖海域环境监测。

（七）实施分类监管。沿海各级生态环境部门会同农业农村（渔业）部门，结合工作实际，针对不同养殖模式分类施策，围绕池塘养殖清塘废水和淤泥、养殖区塑料垃圾等重点问题，明确生态环境监管措施。各级生态环境部门综合运用卫星遥感、无人机、陆岸巡视等方式，加大集中连片养殖活动对岸线及生态影响的监视监管力度。加强对新兴海水养殖模式生态环境影响的研究，视情逐步将其纳入监管。各级农业农村（渔业）部门指导养殖主体收集养殖活动产生的塑料垃圾等固体废物，推动清塘淤泥收集及无害化处理或资源化利用。

（八）加强执法检查。沿海各级生态环境部门及其综合执法队伍，结合海水养殖尾水排放地方标准制定情况和群众反映问题，对海水养殖排污口未经依法备案或违规排污的，依法予以处理处罚。会同农业农村（渔业）部门加强海水养殖的海洋生态环境保护执法协作，提高执法针对性和时效性，重点针对检查过程中发现的养殖固体废物丢弃和水体黑臭等突出问题，及时推动予以解决。

四、加强政策支持与组织实施

（九）加强政策支持。沿海各级生态环境部门加大对符合环保要求海水养殖活动的政策支持力度，对实施尾水集中处理、生态化处理的连片养殖区以及尾水达标排放率高的区域，从监测监管等方面加大帮扶力度。对已开展环境影响评价的海水养殖规划，规划内单个海水养殖项目的环评内容根据规划环评的分析论证情况依法予以简化。各级农业农村（渔业）部门指导养殖主体将完善养殖环保设施设备作为养殖生产能力提升的重要内容，出台支持鼓励政策，充分利用各级财政和社会资金，支持其开展养殖池塘标准化改造、近海网箱（浮球、浮筏等）环保改造、工厂化养殖循环水配套和养殖固体废物收集处置等重点项目建设。

（十）加强组织实施和宣传引导。沿海各级生态环境、农业农村（渔业）部门要将海水养殖生态环境监管作为解决群众身边的突出问题、深入打好污染防治攻坚战的重要举措，加大指导和协调力度，强化部门联动协作和信息共享，有效提升监管能力。依法依规、分类分级逐步解决历史遗留问题，坚决反对打着环保等旗号超出法律法规和国家地方标准规定限制行业发展。加强对海水养殖绿色发展好经验、好做法的宣传引导，增强海水养殖从业人员生态环境保护意识，鼓励社会公众使用环保热线等平台监督相关工作。

生态环境部　农业农村部

2022年1月5日

参考文献

[1] 曾碧健，岳晓彩，黎祖福，等. 生态浮床原位修复对海水养殖池塘浮游动物群落结构的影响 [J]. 海洋与湖沼，2016, 47(2): 354-359.

[2] 赵耕毛，刘兆普，汪辉，等. 滨海盐渍区利用异源海水养殖废水灌溉耐盐能源植物(菊芋)研究 [J]. 干旱地区农业研究，2009, 27(3): 107-111.

[3] 刘梅，原居林，何海生，等. 微藻在南美白对虾养殖废水中的生长及净化效果 [J]. 应用与环境生物学报，2018, 24(04): 866-872.

[4] 李雪莹，李贤，王金霞，等. 极大硬毛藻无性系对海水养殖废水中氮盐的去除效果 [J]. 农业工程学报，2019, 35(24):206-212.

[5] 孙琳琳，宋协法，李薨，等. 外加植物碳源对人工湿地处理海水循环水养殖尾水脱氮性能的影响 [J]. 环境工程学报，2019, 13(06): 1382-1390.

[6] 杨文华，薛晓莉，刘永好，等. 浅析微纳米气泡曝气技术在水产养殖方面的应用 [J]. 中国水产，2020, (03)：63-67.

[7] 徐建平，陈福迪，尉莹，等. 电絮凝技术在海水养殖尾水处理中的研究应用 [J]. 渔业现代化，2020, 47(01):7-15.

[8] 方建光，李钟杰，蒋增杰，等. 水产生态养殖与新养殖模式发展战略研究 [J]. 中国工程科学，2016, 18(03): 22-28.

[9] 袁新程，施永海，刘永士. 池塘养殖废水自由沉降及其三态氮、总氮和总磷含量变化 [J]. 广东海洋大学学报，2019, 39(04): 56-62.

[10] 王峰，雷霁霖，高淳仁，等. 国内外工厂化循环水养殖研究进展 [J]. 中国水产科学，2013, 20(05): 1100-1111.

[11] 卜雪峰，曲克明，马绍赛，等. 海水养殖废水的处理技术及应用前景 [J]. 海洋水产研究，2003, (04): 85-90.

[12] 岳冬冬，吴反修，方海，等. 中国海水养殖业绿色发展评价研究 [J]. 中国农业科技导报，2021, 23(06): 1-12.

[13] 黄利，王朝明，梁毅，等. 璧山区水产养殖绿色发展现状及对策分析 [J]. 南方农业，2018, 12(24): 115-116.

[14] 张智一. 海水鱼类养殖业绿色发展科技创新的困境及建议 [J]. 科学管理研究，2020, 38(05): 93-99.